COURS ÉLÉMENTAIRE

DE

BOTANIQUE

COURS ÉLÉMENTAIRE

DE

BOTANIQUE

A L'USAGE DE L'ENSEIGNEMENT SECONDAIRE

(PREMIÈRE ET DEUXIÈME ANNÉES)

ANATOMIE ET PHYSIOLOGIE VÉGÉTALES

PAR

M. J. GOSSELET

PROFESSEUR A LA FACULTÉ DES SCIENCES DE LILLE.

TROISIÈME ÉDITION

PARIS

LIBRAIRIE CLASSIQUE EUGÈNE BELIN

Vve EUGÈNE BELIN ET FILS

RUE DE VAUGIRARD, N° 52

1884

SAINT-CLOUD. — IMPRIMERIE Ve EUG. BELIN ET FILS.

PRÉFACE

Contrairement à la géologie, la botanique est la partie des sciences naturelles la plus facile à enseigner aux enfants. Si elle excite moins leur curiosité que la zoologie, elle les habitue mieux à l'observation de la nature, parce que les plantes et les fleurs se trouvent partout à leur disposition. Les jardins dans les villes, les prairies et les champs du voisinage fournissent tous les éléments de l'étude. Sans doute, il est quelques fleurs qui sont plus rares et qui sont néanmoins nécessaires à connaître; aussi serait-il à souhaiter que chaque établissement eût son jardin botanique, ou du moins pût mettre quelques carrés à la disposition du professeur pour y faire semer les plantes qu'il ne pourrait pas se procurer autrement en suffisante quantité. Il est très-important, en effet, lorsqu'on étudie les caractères d'une famille, que chaque élève ait une fleur en main afin de suivre plus attentivement l'examen qu'en fait le professeur; il est bon aussi qu'on apporte plusieurs fois des types d'une même famille, afin d'exercer les élèves à les déterminer. C'est la meilleure manière de leur en fixer les caractères dans la mémoire. Je ne puis recommander au même titre les herborisations, les herbiers, les analyses de fleurs par la méthode dichotomique ou autres; sauf pour quelques individualités, ces travaux pratiques ne produisent pas de résultats en rapport avec le temps qu'ils exigent et les autres inconvénients qu'ils peuvent occasionner dans un établissement nombreux.

Du reste, il ne s'agit pas dans l'enseignement secondaire de faire des botanistes; tout ce que l'on peut espérer, c'est d'inspirer à quelques-uns le goût de la science et de donner à tous les notions élémentaires qui peuvent leur être utiles dans le cours de leur vie. Ce doit être surtout le caractère des études dans l'enseignement spécial et sous ce rapport le programme de botanique me paraît moins bien inspiré que celui de la zoologie, et tenir moins compte des aptitudes de l'élève. Les populations des campagnes, qui forment les trois quarts de la population française, sont celles qui fournissent le plus grand nombre d'enfants à cet ordre d'enseignement. Peut-on parler de cellules, de vaisseaux, de la structure du bois à ces jeunes intelligences, sortant à peine dégrossies de leur village. Ils ne comprendront pas et prendront en aversion une science qui se présente à eux sous un tel aspect. Qu'on les entretienne au contraire des végétaux qu'ils ont vus tous les jours, qu'on cultive dans leurs champs, dans leurs jardins, ils s'y intéresseront, et après s'être occupés pendant quelque temps des formes extérieures et des propriétés des plantes, ils acquerront le désir de pénétrer plus avant dans leur structure intime; en même temps leur intelligence s'étant développée, le professeur pourra arriver à leur faire comprendre tout l'intérêt et toute l'importance des études microscopiques. Il devra aussi alors les faire pénétrer dans le monde des cryptogames, monde si vaste, où il reste encore tant d'incertain, et cependant si indispensable à enseigner aux jeunes générations d'agriculteurs. La première condition pour vaincre ses ennemis, c'est de les connaître, de ne point s'en faire une fausse idée. Donc le devoir de ceux qui ont à instruire nos jeunes cultivateurs est de leur apprendre quels sont les adversaires contre lesquels ils doivent lutter pendant toute leur vie, l'oïdium, la maladie de la pomme de terre, la rouille du blé et tant d'autres qui sont peut-être à venir. C'est cette pensée qui m'a engagé à entrer dans quelques développements, un peu scientifiques, mais nécessaires, sur ces champignons parasites.

Je conseille donc au professeur de passer rapidement en première et en seconde année sur les parties du programme de botanique trop élevées pour ses élèves et de les remplacer par l'étude de quelques familles choisies parmi les plus simples et les plus communes, en les prenant non point dans un ordre scientifique, mais au fur et à mesure qu'elles fleurissent; il déchargera ainsi le programme de troisième année, et pourra alors reprendre pendant ce cours les parties qu'il avait négligées les années précédentes. Pour plusieurs groupes, tels que les solanées, les crucifères, les rosacées, les liliacées, j'ai montré comment on pouvait, sans presque aucune notion préliminaire, introduire immédiatement l'élève dans l'étude des familles. C'est pour développer cette idée, que j'ai interverti l'ordre ordinaire suivi dans les livres, en plaçant l'anatomie et la physiologie après l'étude des familles.

J'ai donné des indications sur toutes les familles mentionnées dans le programme général; mais comme il est presque impossible de traiter toutes ces questions en classe, on devra de préférence faire porter l'étude sur les espèces et les groupes importants pour le pays.

On a déjà fait bien des tentatives pour introduire l'histoire naturelle dans l'enseignement secondaire; si l'expérience n'a pas toujours réussi, cela tient à des causes multiples. Il en est que je ne puis mentionner ici. Peut-être quelques programmes ont-ils excédé ce que peut donner un jeune élève qui n'a que quelques heures par semaine à consacrer à cette étude. Tout le monde s'accorde sur ce qu'il faut entendre par mathématiques élémentaires ou par physique élémentaire; mais pour l'histoire naturelle élémentaire, ses limites sont encore à tracer.

Toutefois je suis convaincu que la cause principale qui a empêché l'acclimatation des sciences naturelles dans les études secondaires, tient à ce que souvent l'enseignement, mal conçu ou mal appliqué, n'a pas pris pour base l'observation de la nature et l'application de la science à l'agriculture.

NOTA. — *On a marqué d'un astérisque (*) les paragraphes les plus difficiles, dont l'étude peut sans inconvénient être reportée à la fin du cours.*

COURS ÉLÉMENTAIRE
DE BOTANIQUE

DEUXIÈME PARTIE

ANATOMIE ET PHYSIOLOGIE VÉGÉTALES

LIVRE PREMIER

Organes et fonctions de la vie individuelle.

1. Rôle des végétaux dans la nature. — Le rôle des végétaux, envisagé d'une manière générale, est de prendre dans le monde inorganique certains éléments, de se les assimiler et de les rendre propres à servir à la nourriture des animaux. C'est à la terre et à l'air que les végétaux empruntent les substances qu'ils doivent élaborer. Il leur faut par conséquent deux sortes d'organes spéciaux pour puiser ces matières premières, les unes dans la terre, les autres dans l'air; il leur faut aussi un laboratoire et des agents chargés de confectionner les produits. Les *racines* remplissent la première de ces trois fonctions, les *feuilles* s'acquittent de la seconde; quant à la troisième, commencée par les feuilles et dans les feuilles, elle s'achève dans tous les tissus du végétal. Celui-ci pourrait donc être formé uniquement d'une racine et d'une feuille. C'est la plante réduite à sa plus simple expression; c'est l'état où on la voit lorsqu'elle naît, lorsque la graine vient de germer. Beaucoup de végétaux, à tout âge, ne sont formés (outre les fleurs dont il sera question plus tard) que de feuilles et de racines; on les nomme plantes *acaules*, mais généralement les feuilles, en nombre considérable, sont jointes entre elles et reliées aux racines par une *tige*.

Nous étudierons d'abord la structure de ces divers organes, et nous passerons ensuite à l'examen des fonctions qu'ils remplissent.

CHAPITRE PREMIER

RACINE.

2. Fonctions des racines. — Les racines sont les organes chargés de puiser dans la terre les éléments nutritifs des végétaux; elles servent en outre à fixer la plante au sol; c'est même leur rôle principal chez les plantes grasses, telles que les *Cactus* qui tirent de l'air presque tous leurs aliments. On voit souvent d'énormes *Opuntia* (*fig.* 181) de trois mètres de hauteur pousser dans des creux de rocher où il y a à peine une poignée de terre qui ne se renouvelle pas et n'est que rarement arrosée par les eaux pluviales.

3. Direction des racines. — Les racines sont

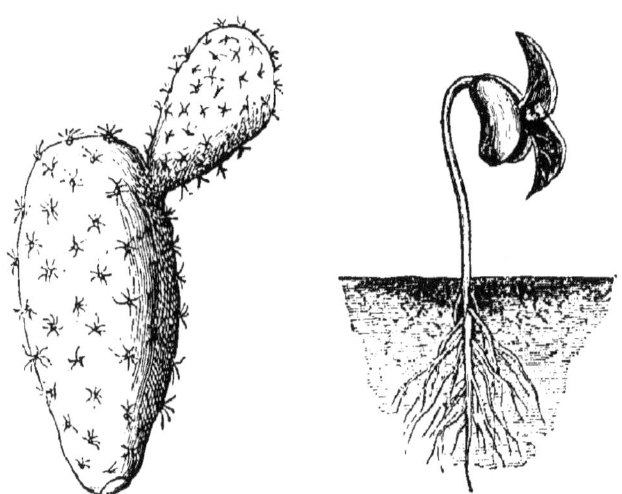

Fig. 181. — Opuntia. Fig. 182. — Germination du haricot.

caractérisées par leur tendance à fuir la lumière et à se diriger vers le centre de la terre. Que l'on fasse germer un haricot (*fig.* 182), quelle que soit la position que l'on donne à la graine, la petite racine (*radicule*) s'enfoncera dans la terre, tandis que la petite tige (*tigelle*) tendra à s'élever; que l'on retourne le jeune végétal en mettant la radicule en haut et la tigelle en bas, chacun de ces organes se courbera pour reprendre sa direction primitive.

On a donné plusieurs explications de la tendance constante des racines à s'enfoncer dans la terre, mais toutes soulèvent de graves objections. Ainsi on a dit que les racines étaient attirées par l'humidité du sol, qu'elles fuyaient la lumière, qu'elles obéissaient à la gravitation. Dutrochet fit une expérience qui montra le peu de fondement des deux premières raisons. Il suspendit en l'air une caisse remplie de terre et dont le fond était percé de trous. Il fit germer dans ces trous des haricots, de telle sorte que les graines recevaient d'en bas la lumière et d'en haut l'humidité. Cependant les petites racines sortirent par les trous et descendirent dans l'atmosphère, fuyant ainsi l'humidité et se dirigeant vers la lumière; quant aux tigelles, elles traversèrent la terre. Le physicien anglais Knight crut avoir trouvé la cause de la direction des racines et des tiges dans la gravitation. Pour le prouver, il faisait germer des graines dans de petites auges placées à la circonférence d'une roue qui faisait cent cinquante à deux cents révolutions par minute; soit qu'il fît tourner la roue dans un plan vertical ou dans un plan horizontal, la tigelle se dirigeait vers le centre, et la radicule vers la circonférence comme chassée par la force centrifuge. On ne peut cependant attribuer la direction des racines à la force centrifuge du mouvement de la terre; car si on appliquait l'expérience de Knight à la lettre, la radicule, au lieu de s'enfoncer dans la terre, prendrait une direction opposée. Mais Knight conclut que la force centrifuge ayant une action marquée sur la racine, la pesanteur doit également avoir une action spéciale, indépendante de celle qu'elle exerce sur tous les corps. Ce serait donc par une sorte d'exagération de la pesanteur que la racine s'enfoncerait dans la terre. La tige, de son côté, attirée par la lumière et repoussée par la pesanteur prendrait sa direction en sens inverse de la racine. Quoi qu'il en soit de ces théories, on peut dire que la cause de la direction de la racine et de la tige est encore un mystère.

4. Diverses parties de la racine. — Elles sont au nombre de quatre : 1° l'*axe* ou *souche*, 2° le *chevelu*, 3° les *poils radicaux*, 4° les *spongioles*.

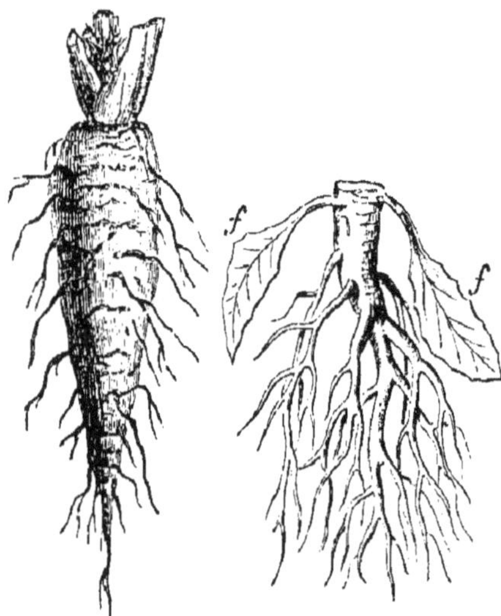

Fig. 183. Racine pivotante.

Fig. 184. — Racine rameuse, *f*, feuilles caulinaires.

5. — 1° Souche. L'axe de la racine ou la *souche* peut avoir plusieurs formes. Elle est *simple* ou *pivotante* quand elle ne se ramifie pas et ne donne naissance qu'à de légères fibrilles, comme dans le Pissenlit, le Scorsonère, la Carotte, la Rave (*fig.* 183). Elle est *rameuse* (*fig.* 184) lorsque l'axe principal se divise ; et quelquefois ces ramifications peuvent devenir plus grosses que l'axe lui-même ; ex. : le Chêne, la Giroflée, etc. Enfin, la racine est *fibreuse* ou *fasciculée* (*fig.* 185) quand il n'y a pas d'axe principal proprement dit, mais plusieurs filaments égaux en grosseur et partant du même point ; ex. : le Poireau, l'Asperge, les Palmiers,

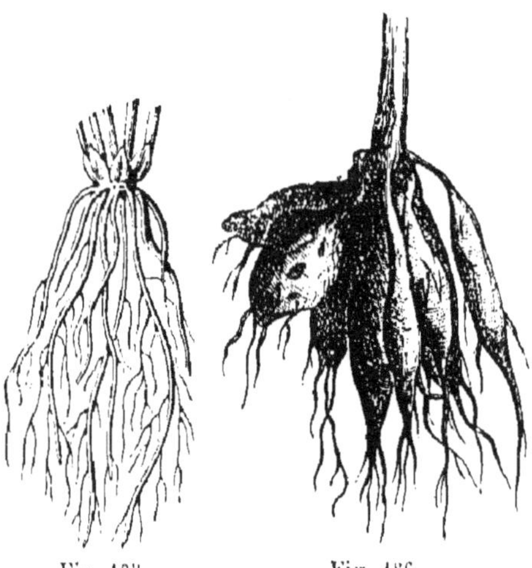

Fig. 185. Racine fasciculée.

Fig. 186. Racine tubéreuse.

les racines fasciculées sont propres aux Monocotylédonées, tandis que les racines pivotantes et rameuses appartiennent aux Dicotylédonées. Lorsque la racine présente certaines parties renflées en masses plus ou moins ovoïdes, on dit qu'elle est *tubéreuse* (*fig.* 186); ex. : Dahlia, Topinambour. Chacun de ces renflements ou *tubercule* est un amas de matière nutritive destinée à servir aux besoins de la plante, et que l'homme utilise souvent pour son alimentation.

6. — 2° Chevelu. On désigne sous le nom de *chevelu* les filaments très-fins qui sont les dernières ramifications des racines; on les nomme souvent aussi *radicelles*. Ils ne croissent pas au hasard sur l'axe; ils sont superposés les uns aux autres de manière à tracer par leur ensemble des lignes longitudinales, bien manifestes lorsque la racine est jeune, mais qui s'obscurcissent par suite du développement. Le nombre de ces lignes varie avec les espèces; il est de deux dans le Radis, de trois dans le Trèfle, de quatre dans la Carotte, de cinq dans le Scorsonère.

Si une racine, dans son prolongement souterrain, vient à rencontrer un cours d'eau, elle s'y ramifie à l'infini, et toutes les fibrilles s'entrelacent de manière à former un paquet connu sous le nom de *queue de renard*. Ce fait est très-fréquent dans les tuyaux de drainage où pénètrent des racines de Saule et de Peuplier; le paquet radiculaire remplit le drain et, agissant comme un filtre, arrête les particules de terre entraînées par l'eau de pluie et finit ainsi par boucher complétement le tube.

7. — 3° Poils radicaux. Les *poils radicaux* couvrent la surface de la racine et des radicelles vers leur extrémité[1]; ce sont eux qui paraissent spécialement chargés de l'absorption.

8. — 4° Spongioles. Les botanistes de la fin du dernier siècle ont donné le nom de *spongioles* aux extrémités des radicelles; ils supposaient qu'elles étaient formées de tissus très-jeunes agissant comme une éponge et s'imprégnant du liquide ambiant; ce seraient ainsi les organes nour-

1. Ils s'arrêtent à $0^m,02$ ou $0^m,03$ de l'extrémité de la racine.

riciers du végétal. Mais on a constaté depuis que l'extrémité des racines est privée de poils radicaux; de plus elle est couverte par une membrane cellulaire dure, peu perméable, qui la revêt comme le ferait un doigt de gant. Cette membrane, nommée *coiffe*, s'oppose probablement à l'absorption; car si on dispose un végétal de manière que l'extrémité seulement de sa racine plonge dans l'eau, il ne tarde pas à se faner; mais si on entoure d'eau la partie moyenne en laissant dépasser hors du liquide l'extrémité munie de spongioles, le végétal continue à vivre. Ces expériences, dues à un savant allemand. Ohlert (1837), prouvent que l'absorption des liquides nutritifs de la plante ne se fait pas par les spongioles, mais bien par les portions de la racine couvertes de poils radicaux et par l'intermédiaire de ceux-ci.

Quand les poils radicaux sont desséchés, ils ne peuvent plus remplir leurs fonctions; c'est ce qui arrive lorsque la racine a été déplantée depuis quelque temps et laissée dans un endroit trop sec. Les jardiniers coupent alors l'extrémité des radicelles; l'eau pénètre directement dans celles-ci par capillarité; en même temps il se produit autour de la blessure un redoublement d'activité vitale, et bientôt apparaissent de nouvelles radicelles munies de poils absorbants.

9. Racines adventives. — Outre les racines qui naissent de la souche, c'est-à-dire de la partie du végétal qui se dirige de haut en bas dans l'intérieur de la terre; il peut encore s'en produire sur d'autres parties de la plante. On nomme *adventives* les racines qui ont une autre origine que la souche.

Ainsi chez le Manglier, du milieu du tronc et des branches mêmes il naît des racines qui descendent dans le sol. Le Figuier des Banyans ou Figuier à pagodes présente ce phénomène sur une échelle plus grandiose encore. Cet arbre étend au loin ses branches horizontales d'où descendent de nombreuses racines adventives qui arrivent sur le sol et s'y enfoncent. Dès lors, elles servent à la nourriture des rameaux dont elles proviennent et se développent elles-mêmes de manière à acquérir des dimensions considérables. Les Indiens ont un profond respect pour cet arbre, sous lequel, croient-ils, est né leur dieu Vichnou : ils le transforment souvent en pagodes. L'arbre-pagode de Narbuddah possède trois cent cinquante grosses racines, sortes de colonnes qui semblent soutenir la voûte formée par l'immense feuillage du figuier.

La Vanille, plante grimpante originaire du Mexique transplantée et acclimatée dans les Indes, également cultivée en serre dans nos climats tempérés, émet des divers points de sa tige des racines adventives qui pendent dans l'atmosphère et

Fig. 187. — Vanille grimpant le long d'une colonne de fer et émettant des racines adventives.

y puisent leur nourriture (*fig.* 187). Aussi nous offre-t-elle le spectacle d'une plante de grande dimension pourvue d'une très-petite racine et beaucoup plus mince à sa base que

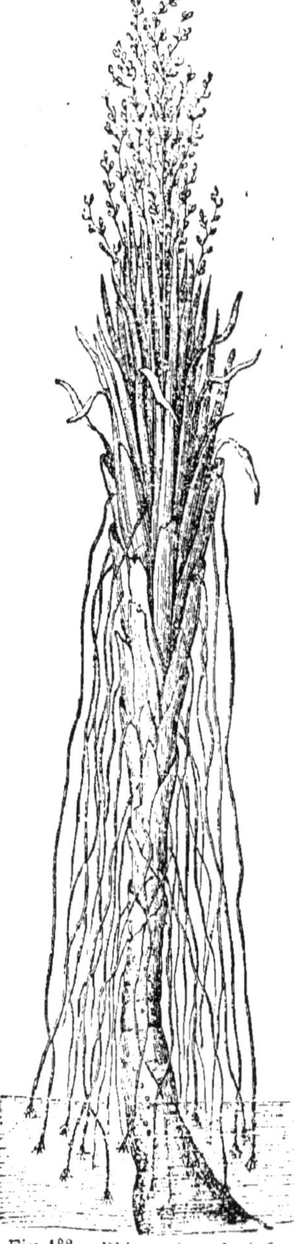

Fig. 188. — Rhizocaulon, plante fossile de la période crétacée.

dans ses parties moyennes et supérieures, qui sont nourries par les racines adventives.

On ne peut pas trouver de plus bel exemple de racines adventives que dans le *Rhizocaulon*, plante marécageuse qui vivait à la fin de la période crétacée et au commencement de la période éocène (*fig.* 188).

Des racines adventives peuvent aussi naître des feuilles chez les *Gloxinia* et chez certains *Begonia*. Un jardinier allemand ayant haché une feuille de Bégonia en une centaine de petits morceaux, a pu obtenir de ceux-ci autant de pieds distincts et séparés.

Enfin on a vu prendre racine, les fleurs et les fruits de certaines plantes appartenant à la famille des Cactus.

Il n'est pas besoin du reste d'aller chercher chez les végétaux étrangers ou fossiles des exemples de racines adventives : il s'en produit souvent chez les plantes indigènes dont la tige émet des rameaux rampants. Chez le Fraisier (*fig.* 189) par exemple, il se détache de la rosette de feuilles qui constituent à elle seule toute la partie aérienne du végétal des branches ou rameaux qui traînent sur le sol et que l'on nomme pour cette raison *traçants* ou *coulants*, et d'une façon plus scientifique *filets* ou *stolons*. En certains points de ces coulants, il se produit quelques feuilles et des racines adventives qui s'enfoncent dans la terre. C'est l'origine d'un nouveau pied de fraisier, qui vit d'abord aux dépens de la plante mère, puis finit par avoir une existence indépendante par suite de la destruction du filet qui les unissait.

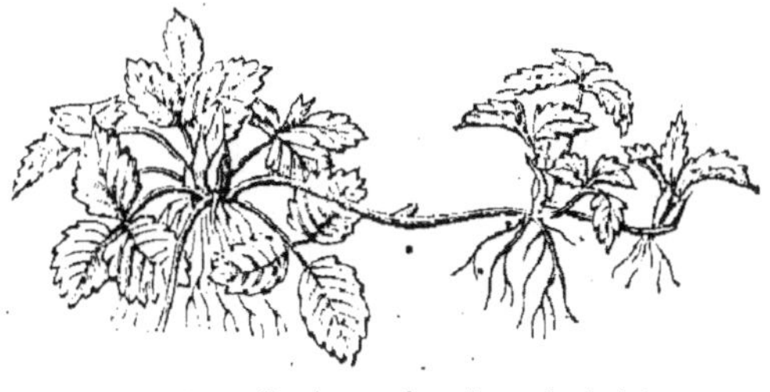

Fig. 189. — Racines adventives de fraisier.

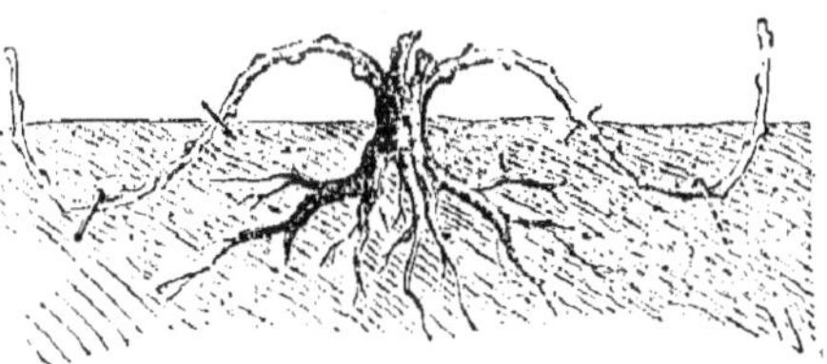

Fig. 190. — Marcottage.

10. — Marcottage. — Les hommes ont appliqué ce mode naturel de propagation de certaines plantes à des espèces chez lesquelles il ne se produit pas spontanément. On couche une branche de vigne par exemple, et on la recouvre de terre en n'en laissant sortir que l'extrémité (*fig.* 190). Dans les parties enterrées, il se produit des racines adventives qui acquièrent bientôt un développement suffisant pour nourrir à elles seules la branche. L'on sépare alors celle-ci de la plante mère. Cette opération de jardinage porte le nom de *couchage* ou de *marcottage* (du nom de l'inventeur, Marcotte). Quelque-

Fig. 191. — Marcottage.

fois, quand il est impossible de faire plier la branche pour l'amener sur le sol, on lui crée un sol factice en la faisant pénétrer dans de petites caisses ou pots, ou en l'entourant d'une feuille de plomb roulée en cornet (*fig.* 191), que l'on remplit de terre. Lorsque les racines adventives sont formées, on coupe la branche en dessous et on obtient un pied isolé de même nature que celui dont il provient.

11. Bouturage. — Dans les espèces où les racines adventives se produisent facilement, telles que les Saules, les Peupliers, les Héliotropes, il suffit de placer dans de la terre humide un rameau déjà séparé de la plante originaire; il ne tarde pas à reprendre, pourvu qu'il soit dans des conditions favorables, c'est-à-dire que la terre soit maintenue humide et que la chaleur soit suffisante. Ce procédé de multiplication par boutures est d'un emploi très-fréquent dans le jardinage et même dans la grande culture pour les arbres de bois blanc.

Buttage du Maïs. — Dans la culture du Maïs, lorsque la plante a $0^{m},40$ de hauteur, on relève la terre autour de chaque pied, on le *butte*, comme on dit, afin d'y faire développer des racines adventives qui rendront plus facile et plus abondante l'alimentation du végétal.

12. Influence des lésions sur la production des racines adventives. — Les racines adventives peuvent naître dans toutes les parties d'une tige, mais elles se reproduisent préférablement soit au point d'attache d'une feuille, soit dans les endroits où l'écorce aurait été coupée ou déchirée, soit sur un bourrelet déterminé par la ligature du rameau. Il arrive souvent que lorsqu'on veut aider la reprise d'une bouture, on active la formation de racines adventives par un de ces derniers moyens. Les lésions faites aux racines y déterminent également la formation de nouveaux filaments radicaux, que l'on pourrait aussi appeller racines adventives. C'est l'origine de l'opération nommée, en agriculture, *serfouillage*, et qui consiste à gratter profondément la terre autour du pied pour lui faire produire plus de racines.

13*. Anatomie des racines[1]. — Les racines des

1. On ne doit traiter cette question qu'après avoir étudié l'anatomie des tiges.

végétaux vasculaires offrent toutes un parenchyme extérieur cortical, un parenchyme intérieur ou moelle et une zone intermédiaire de faisceaux fibro-vasculaires. Ces faisceaux sont en nombre variable, mais toujours pair. Dans les Cryptogames et les Monocotylédonées, les faisceaux fibreux ou libériens sont séparés des faisceaux vasculaires et alternent avec eux. Il en est de même dans le premier âge des Gymnospermes et des Dicotylédonées (*fig.* 192), mais plus tard, à la partie interne des faisceaux libériens primitifs, il se produit un secteur fibro-vasculaire, libérien à l'extérieur, vasculaire au centre; ces deux parties sont séparées par une zone génératrice et s'accroissent comme les parties correspondantes de la tige. Les faisceaux fibro-vasculaires secondaires prennent un grand développement tandis que les faisceaux primitifs diminuent d'importance.

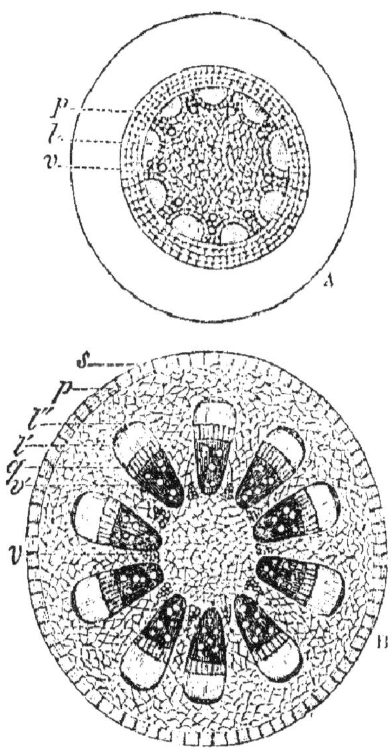

Fig. 192. — Coupe d'une racine dicotylédonée. A, première phase; B, deuxième phase. *s*, couche subéreuse; *p*, parenchyme extérieur; *v*, faisceaux vasculaires primitifs; *l*, faisceaux libériens primitifs; *l''*, les mêmes repoussés à l'extérieur; *l'*, zone libérienne secondaire; *g*, zone génératrice; *v'*, zone vasculaire secondaire.

14. Accroissement des racines. — Elles s'accroissent en longueur seulement à leur extrémité et par la formation de nouveaux tissus entre la racine proprement dite et la coiffe, qui est toujours poussée en avant. L'accroissement en diamètre se fait de la même manière pour la racine que pour la tige. Cette circonstance que les racines s'allongent seulement par le bout a été utilisée dans quelques procédés de culture. Ainsi les pépiniéristes ont l'habitude de couper l'extrémité des racines pour empêcher la souche de s'enfoncer trop profondément et de s'opposer à la transplantation du sujet. Cette opération a encore pour effet de donner naissance à un plus grand nombre de racines latérales, qui produisent un bon empâtement. On obtient les mêmes résultats en pavant à $0^{m},40$ de profondeur le terrain dans lequel on veut semer les arbres. L'axe principal de la racine va butter contre le pavé et s'y atrophie.

15. Profondeur des racines. — La profondeur à laquelle parviennent les racines d'une plante est importante à connaître pour sa culture, surtout si on détermine la nature du sol et du sous-sol auquel on la destine. Des plantes à racines profondes et exigeant de fortes nourritures ne viendraient pas dans un terrain où une faible couche de terre végétale serait superposée à un épais banc de sable, puisque les racines, une fois qu'elles auraient pénétré dans cette roche stérile, n'y trouveraient plus les aliments nécessaires. Au contraire, des plantes, à racines traçantes pourraient prospérer dans le même terrain. Il arrive souvent que l'on sème avec les céréales qui prennent leur nourriture dans la partie supérieure du sol d'autres plantes, telles que la luzerne, le trèfle, etc., dont les racines atteignent une profondeur plus considérable. On doit aussi avoir ces conditions présentes à l'esprit lorsqu'on pratique les assolements ; il est préférable de faire succéder à une plante qui a épuisé la couche superficielle du sol, une autre qui va chercher plus bas sa nourriture. On voit fréquemment une racine suivre jusqu'à une profondeur considérable une veine de bonne terre située dans une fente de rochers stériles. Il y a des exemples de racines de Vigne rencontrées à treize mètres au-dessous du sol.

Quelques plantes sont cultivées en raison du développement que prend leur racine. Ainsi la Luzerne et l'Arrête-bœuf sont employées pour soutenir les terres sur les talus. On se sert aussi, pour le même usage, du Faux-Acacia dans les terres sablonneuses, et du Saule, sur le bord des fossés humides.

CHAPITRE II

TIGE.

16. Tige; ses dimensions. — La *tige* est la partie du végétal qui porte les feuilles et les fleurs. Elle est quelquefois si réduite qu'on peut considérer pratiquement certaines de ces plantes (Pissenlit) comme privées de tige. On les nomme *acaules*. La dimension des tiges est très-variable, depuis l'humble Mousse jusqu'au gigantesque *Séquoia* de Californie, qui élève à plus de cent mètres un tronc dont la circonférence de base peut atteindre trente mètres.

Rameaux. — La tige est *simple* (ex. : Palmier, Blé), ou *ramifiée* (ex.: Chêne, Sauge).

Les ramifications des tiges sont les *branches*; quand elles sont jeunes, on les nomme en arboriculture, *pousses* ou *scions*.

Fig. 193. — Stipe du palmier.

17. Principales espèces de tiges. — D'après la forme, la consistance et la durée des tiges, on a divisé les végétaux en plusieurs catégories, qu'il est plus facile d'apprécier que de définir.

Les tiges ligneuses d'assez grande taille, persistante dans toute leur étendue, sont propres aux *Arbres*; celles qui sont simples (*fig.* 193) portent le nom de *stipes* (Palmier), celles qui sont ramifiées reçoivent la désignation de *troncs* (Chêne).

Les *Arbrisseaux* ou *Arbustes* sont des végétaux ayant une tige ligneuse dans toute son étendue et se ramifiant dès la base (ex. : Noisetier).

Les *Sous-Arbrisseaux* ont une tige ligneuse, ramifiée dès la base ; mais l'extrémité des rameaux est herbacée et meurt tous les ans (ex. : Sauge).

Les *Herbes* ont une tige non ligneuse, flexible, souvent molle, et périssent tous les ans. Parmi les tiges herbacées, il faut distinguer le *chaume*. Cette tige, propre au Blé, au Roseau et aux plantes voisines, est creuse dans toute sa longueur,

Fig. 194. Cladode du petit houx (*Fragon épineux*). r, fleur; c, cladode; f, feuille.

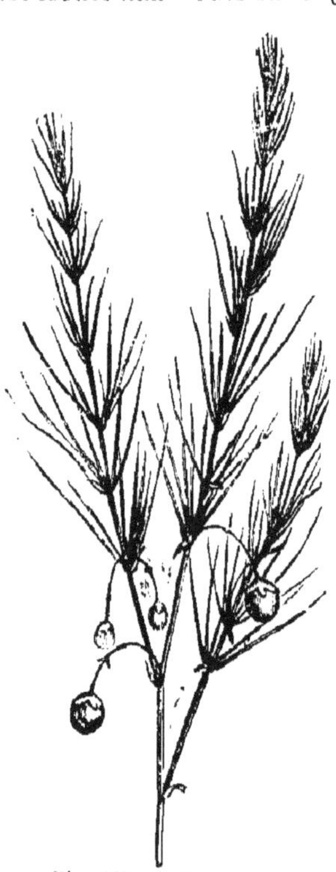

Fig. 195. — Asperge.

sauf certains points où la cavité est traversée par une sorte de plancher que l'on appelle *nœud*.

Les *cladodes* sont des tiges ou plutôt des rameaux qui ont

quelquefois l'apparence des feuilles, dont il est difficile de les distinguer au premier abord. Ainsi le Petit-Houx (*fig.* 194), de la famille des Asparaginées, qui croît abondamment au pied des haies, offre sur une tige demi-ligneuse, des expansions coriaces ayant la couleur verte et la forme des feuilles. Cependant ce sont des rameaux, car ils portent des fleurs qui se transforment pendant l'hiver en fruits rouges charnus, de la grosseur d'une cerise. Les véritables feuilles du végétal sont de petites écailles visibles à la base extérieure des rameaux.

L'Asperge (*fig.* 195) nous offre une disposition analogue. Les faisceaux de filaments verts, que l'on prend pour le feuillage découpé du végétal, sont des rameaux avortés; quant à la feuille, c'est encore une petite écaille membraneuse qui se trouve à leur base extérieure.

Les plantes grasses ont des tiges charnues gorgées de sucs. Dans le Figuier d'Inde (*fig.* 196), de la famille des Cactus,

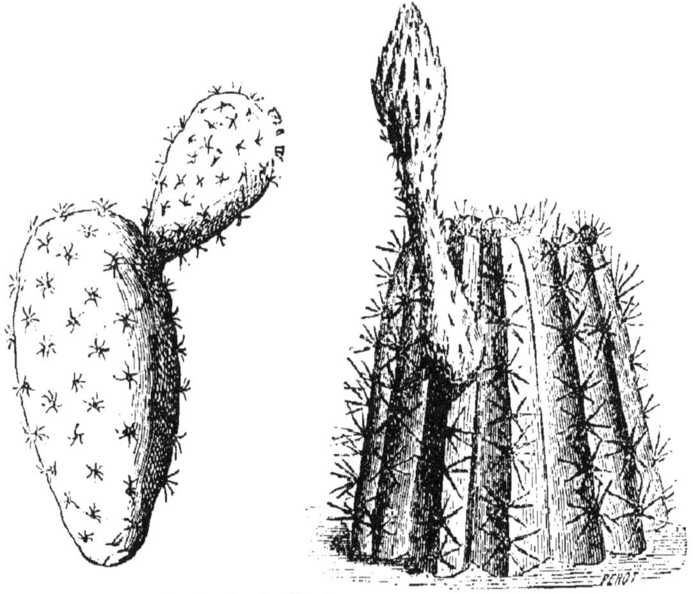

Fig. 196.—Raquettes de Figuier d'Inde. Fig. 197.—Tige de l'Echinocactus.

qui couvre les rochers stériles de la Sicile et de l'Afrique, elles rappellent encore les feuilles par leur aspect général; on les nomme *raquettes*. Les véritables feuilles sont de petites écailles très-caduques situées à la base des épines. D'autres plantes de la même famille (*Echinocactus* (*fig.* 197), *Melanocactus*, etc.). présentent des tiges de forme cylindrique ou sphérique qui n'ont d'analogie avec les feuilles que par les fonctions qu'elles remplissent.

18. Bourgeons. — Les rameaux proviennent de bourgeons; ils paraissent d'abord sur la tige comme un léger renflement, un petit mamelon charnu où se forment plus tard un axe et des feuilles. Dans nos climats froids, lorsque le bourgeon doit passer l'hiver et se développer seulement au printemps suivant, il est entouré d'écailles garnies intérieurement de duvet pour le préserver contre la gelée et extérieurement d'une sorte de vernis résineux qui ne permet pas à l'eau de mouiller les écailles et de s'introduire entre elles.

Au point de vue de leur rôle dans l'accroissement et par suite dans le port du végétal, on peut diviser les bourgeons en deux catégories : les bourgeons *terminaux* et les bourgeons *axillaires* ou *latéraux*. Les premiers, situés à l'extrémité de la tige et des rameaux, sont destinés à les prolonger; les seconds, placés à l'aisselle des feuilles, c'est-à-dire dans l'angle aigu qu'elles forment avec l'axe, ont pour but de donner naissance à de nouvelles branches. Chaque feuille présente ou peut présenter un bourgeon à son aisselle; il en résulte que la position des rameaux sur la tige dépend de celle des feuilles. On peut distinguer trois modes principaux de ramification.

La ramification est :

1° *Opposée*, lorsque les bourgeons, et par suite les branches, naissent deux par deux en face l'un de l'autre au même point de la tige. Ex. : Cornouiller, Frêne.

2° *Verticillée*, lorsqu'ils se produisent au nombre de trois, quatre ou plus à la même hauteur. Ex. : Pin.

3° *Eparse*, lorsqu'ils sont disposés sans ordre apparent. Si tous les bourgeons se développaient, les racines ne pourraient suffire à leur alimentation, et tout le végétal en souffrirait, aussi arrive-t-il souvent qu'un grand nombre de bourgeons avortent. Lorsque cet avortement se produit d'une manière constante pour la même espèce de bourgeons, il peut influer sur la forme de la tige. Si les bourgeons axillaires avortent tous, la plante ne se ramifie pas; c'est ce qui a lieu pour le stipe du Palmier. Si au contraire le bourgeon terminal avorte ou se développe en fleur, la plante ne croît plus que par ses rameaux axillaires. Lorsque ceux-ci sont opposés, la tige va toujours en se bifurquant; on la dit *distique* ou *dichotome*[1]. Ex. : Mache, Gui (*fig.* 198).

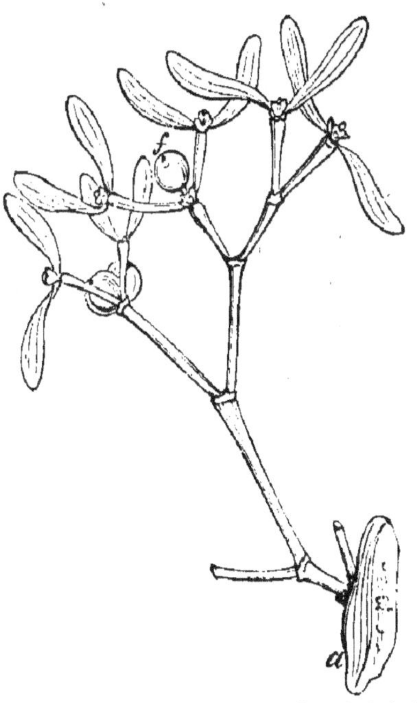

Fig. 198.—Ramification distique du gui. *f*, fruit; *a*, portion de l'arbre sur lequel est fixé le gui.

Lorsque l'avortement des bourgeons se fait d'une manière irrégulière, il n'influe pas sur le port de l'arbre, à moins qu'il ne s'agisse du bourgeon terminal d'une tige dont les rameaux ont une direction horizontale. Alors la plante cesse de grandir en hauteur, c'est ce qui est arrivé au Cèdre du Liban planté sur la montagne du labyrinthe, au Jardin des Plantes à Paris. Cet arbre, que Bernard de Jussieu avait rapporté de l'Asie-Mineure dans son chapeau, se développait très-bien, lorsqu'un coup de pistolet lui brisa la tête. Dès lors il cessa de croître en hauteur, mais ses rameaux latéraux

1. La véritable dichotomie, qui ne se rencontre guère que dans le thalle des végétaux inférieurs (mousse, lichens) ou dans la tige des Lycopodiacées, est caractérisée par la formation originaire de deux points d'accroissement égaux à l'extrémité de la tige. Dans le Gui, où il ne s'en produit qu'un seul qui avorte, la dichotomie résulte du développement de deux bourgeons latéraux voisins.

continuèrent et continuent encore à s'étendre de manière à couvrir de leur ombrage une grande partie du monticule.

19. Eborgnage, taille. — Les jardiniers déterminent quelquefois l'avortement des bourgeons; ils désignent cette opération sous le nom d'*éborgnage* (les jeunes bourgeons sont appelés *yeux* en jardinage), lorsqu'elle a lieu à l'automne ou en hiver, et d'*ébourgeonnage*, lorsqu'elle se fait au printemps, au moment du développement des bourgeons. Ils ont pour but d'empêcher l'arbre de produire trop de bois et de forcer la séve à se rendre sur les bourgeons à fruits. Il leur importe de distinguer ces derniers de ceux qui ne doivent donner naissance qu'à un rameau; ils sont généralement de forme ovoïde, tandis que les bourgeons à bois sont plus allongés (*fig.* 199).

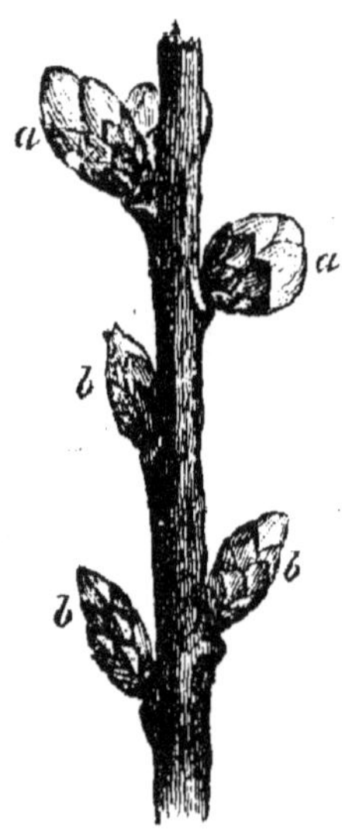

Fig. 199. — Rameau de poirier. *a*, bourgeons à fruits; *b*, bourgeons à bois.

C'est aussi dans le même but que l'on opère la taille des arbres fruitiers. On arrête la croissance des *gourmands* ou rameaux qui prennent un développement exagéré, et on retranche le bois inutile, tout en ayant soin d'en laisser assez pour attirer la séve dans les fleurs et dans les fruits.

D'autres fois, la taille a pour but de multiplier les bourgeons et les branches. Nous avons dit que la position normale des bourgeons est à l'aisselle des feuilles; mais il peut s'en produire en tout autre point de la tige, et même sur les racines. La moindre blessure amène la séve sur un point et y détermine la formation de bourgeons anormaux ou *adventifs*. Qu'une voiture en passant dans un chemin creux écorche les racines d'un arbre, ce sera suffisant pour donner naissance à quelques branches autour de la plaie. On utilise cette circonstance dans la culture. On coupe la tête des Saules pour les empêcher de grandir et faire naître à l'endroit de la section plusieurs branches. Lorsque celles-ci ont atteint un développement suffisant pour être utilisées, on les coupe de nouveau à leur point de naissance ; chaque plaie devient le point de départ d'une nouvelle formation de rameaux, qui seront, à leur tour, tranchés de la même manière. C'est ce qu'on appelle exploiter en têtards, parce que l'ensemble des bourrelets formés autour des sections successives constituent comme une tête à l'arbre. Dans les oseraies, on coupe les Saules à fleur de terre, afin de multiplier les tiges qui constituent l'osier. On exploite souvent les bois de la même manière ; après avoir réservé certains arbres qui paraissent de belle venue ; on abat tous les autres au pied, toujours dans le but de multiplier les tiges. C'est ce qu'on appelle exploiter en taillis.

On taille aussi les arbres pour modifier leur port. Les Ifs et les Charmilles prenaient, sous le ciseau, les formes les plus bizarres et les plus gracieuses pour décorer les jardins français de Lenôtre. Dans nos jardins actuels, dits anglais, qui ont la prétention d'accumuler sur quelques ares, des prairies et des bois, des lacs et des parterres, on taille souvent le Sapin ; à mesure qu'il grandit, on coupe ses branches inférieures pour le pousser en hauteur et l'empêcher de s'étendre sur un trop grand espace. Au contraire, dans les parcs, où la place ne manque pas, on lui laisse développer ses grandes branches horizontales qui traînent à terre et lui donnent ce caractère si imposant que l'on admire dans les Vosges et dans la Forêt-Noire.

20. Port des arbres. — En effet, le port des autres végétaux tient essentiellement à la disposition de leurs rameaux. Dans le Peuplier d'Italie, les branches sont droites, peu développées, et pressées contre le tronc ; dans le Pommier, elles s'épanouissent en éventail et donnent à l'arbre une apparence arrondie ; dans le Sapin, le Cèdre, etc., elles s'étendent horizontalement ; chez les arbres dits *pleureurs*, elles se dirigent de haut en bas, tantôt par suite de leur flexibilité (Saule), tantôt par suite du coude même de la branche dès sa naissance (Frêne, Sophora).

21. Tiges grimpantes. — Il est des plantes dont la tige, très-longue et flexible, ne pouvant se soutenir par elle-même dans une position droite, s'attache aux végétaux et aux corps voisins. On les désigne sous le nom de plantes *grimpantes*. Les unes ont des organes particuliers qui servent à les fixer, les autres, dépourvues de ces organes, s'enroulent autour du végétal qui leur sert de support. Dans ce cas, elles sont dites *volubiles*. Chaque espèce a un mode d'enroulement

Fig. 200. — Tige volubile à enroulement dextrorsum (Liseron).

Fig. 201. — Tige volubile à enroulement sinistrorsum (Houblon).

constant. Ainsi le Haricot, le Liseron, l'Igname de Chine s'enroulent toujours en tournant vers la droite de l'observateur (*dextrorsum*) (*fig.* 200) ; le Houblon et le Chèvrefeuille s'enroulent, au contraire, en tournant vers la gauche (*sinistrorsum*) (*fig.* 201).

Les plantes *grimpantes proprement dites* s'attachent à l'aide de *vrilles*, de *crampons* ou de *ventouses*.

Les *vrilles* sont des rameaux ou des feuilles atrophiés qui, s'enroulant en spirale autour du support, soutiennent et même attirent la plante grimpante, on le voit chez la Vigne (*fig.* 202), la Viorne, le Pois, les Lianes qui enlacent de leur mille guirlandes les arbres des forêts vierges de l'Amérique, et dont quelques-unes, telles que les Cobœa, font maintenant l'ornement de nos jardins.

Fig. 202. — Vrilles de la vigne.

Les *crampons* sont des espèces de racines crochues qui s'enfoncent dans l'écorce des arbres ou dans les murs. On les trouve chez le Lierre, chez le jasmin de Virginie, bel arbrisseau originaire d'Amérique, et que l'on emploie à couvrir les tonnelles et les murailles.

Les *ventouses* se rencontrent dans la Cuscute (*fig.* 203). Cette petite plante, qui fait le désespoir des agriculteurs, produit une tige filiforme qui s'enroule autour des végétaux voisins et applique sur leur surface des sortes de cônes renversés en forme de cloches à ventouses. De la base de ces cônes partent des filaments ou *suçoirs*, qui pénètrent jusque dans la moelle du végétal nourricier et pompent ses sucs alimentaires. Le bas de la tige, devenu inutile, s'atrophie; la racine meurt, et la Cuscute vit uniquement par ses ventouses. Souvent elle

Fig. 203. — Cuscute. *v*, ventouses; *f*, fleur.

épuise la plante sur laquelle elle s'est attachée et finit par la faire périr.

De la Cuscute aux plantes parasites et épiphytes, il n'y a qu'un pas.

22. Plantes parasites. — Le Gui (*fig.* 198) peut être considéré comme le type des *parasites*; il vit sur les vieux arbres, pommiers, poiriers, sorbiers, aubépines, peupliers et quelquefois chênes. On sait la vénération que les anciens Gaulois portaient au gui de chêne. A des fleurs jaunes succèdent des fruits blancs, remplis d'un suc visqueux, qui atteignent leur maturité en hiver lorsque les oiseaux manquent de nourriture. Aussi, malgré leur propriété légèrement purgative, sont-ils recherchés avidement par les grives, les merles et autres. Les graines, entourées d'une substance glutineuse et indigeste, se retrouvent sans altération dans les excréments de ces oiseaux. Lorsque dans ces conditions elles tombent sur une branche, elles y adhèrent et y germent. La radicule, n'obéissant pas, cette fois, à la force qui entraîne toutes les racines vers la terre, pénètre à travers l'écorce de l'arbre jusqu'à la surface du bois et s'y étale dans une zone où, comme on le verra plus loin, affluent les sucs nourriciers du végétal.

Fig. 204. — Orobanche parasite sur le Chanvre. A, pied du chanvre; B, orobanche; C, jeune orobanche en voie de développement.

Le Gui s'attaque à de grands arbres; il est peu nuisible. Il n'en est pas de même des Orobanches (*fig.* 204). Ce sont des plantes d'un aspect étrange dont la tige est dépourvue de couleur verte, et dont les feuilles, réduites à des écailles, paraissent comme desséchées ; elles se fixent sur les racines d'autres végétaux. Les espèces d'Orobanches sont nombreuses, et chacune a ses victimes affectionnées et même nécessaires. L'Orobanche rameuse s'attache sur la Renouée, l'Angélique, le Tabac, la Fève et surtout le Chanvre ; elle cause souvent de grands dégâts dans les chanvrières d'Italie. L'Orobanche du Serpolet vient sur le Thym et le Serpolet, l'Orobanche mineure sur le Trèfle, l'Orobanche sanglante sur le Lotier et le Sainfoin.

Plusieurs espèces de Mélampyres, de Rhinanthes et d'Euphraises sont aussi parasites des racines et particulièrement des racines des céréales.

23. Plantes épiphytes. — On désigne sous le nom d'*épiphytes* des plantes qui vivent sur d'autres végétaux, dont ils se servent seulement comme de support et sans y puiser de nourriture. Tels sont les Lichens qui couvrent le tronc de presque tous nos vieux arbres. Les Orchidées des pays chauds sont souvent épiphytes ; on les cultive dans nos serres, sur des morceaux de bois suspendus en l'air par des fils. C'est dans l'atmosphère que ces plantes puisent leur nourriture à l'aide de racines adventives, tandis que les véritables racines sont enfoncées dans le bois.

24. Tiges rampantes. — Lorsque la tige herbacée des végétaux n'est pas grimpante et cependant n'a pas assez de rigidité pour se tenir dressée, elle traîne ; elle est dite alors *traçante* ou *rampante*. Il arrive fréquemment qu'il se produit sur la tige, à son contact avec la terre, des racines adventives qui s'enfoncent dans le sol. Tantôt ces racines se développent tout le long de la tige (Potentille rampante) ; tantôt elles ne se produisent que dans des points déterminés (Fraisier).

Dans le Lierre terrestre (*fig.* 205), et bien d'autres végétaux, les parties anciennes se détruisent au fur et à mesure que la tige croît et qu'il naît de nouvelles racines, de sorte que la plante change constamment de place. Lorsque cette mort atteint un point d'où se détachait un rameau, celui-ci se trouve séparé de la tige, et comme il a déjà produit à une certaine distance plusieurs touffes de racines, il vit d'une manière indépendante multipliant ainsi les individus de l'espèce.

L'absence de rigidité n'est pas toujours la cause qui détermine la reptation des plantes. Le pourpier a naturellement

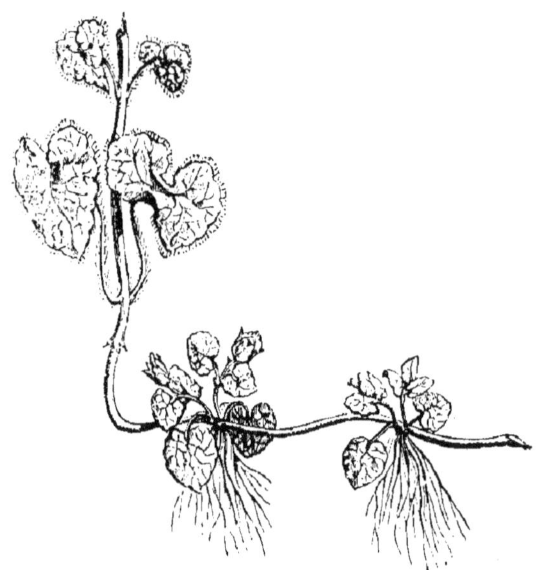

Fig. 205. — Lierre terrestre : tige rampante et dressée.

les rameaux couchés sur le sol, et on ne pourrait les redresser sans les briser. D'un autre côté, beaucoup de plantes rampantes ont l'extrémité de leurs tiges et leurs rameaux dressés; c'est ce qui a lieu dans le Lierre terrestre précédemment cité.

25. Rhizomes. — Certaines tiges sont en partie au moins souterraines. De toute leur surface ou de leur surface inférieure seulement naissent des racines adventives, et les rameaux seuls sortent au dehors. Comme la tige s'allonge souterrainement chaque année, ces rameaux ne se montrent pas au même endroit, et la plante paraît changer de place. On désigne ces tiges souterraines sous le nom de *rhizomes*. Elles se rencontrent chez une foule de végétaux; les plus connus sont : le Sceau de Salomon (*fig.* 206), la Fougère, le Jonc-fleuri, le Chiendent, le Blé, l'Iris.

Au premier abord on serait tenté de prendre ces rhizomes pour des racines; mais on peut toujours les en distinguer, parce qu'elles portent des bourgeons et souvent des rudiments de feuilles ayant l'apparence de petites écailles. Il peut

Fig. 206. — Rhizome de Sceau de Salomon. A, tige aérienne de l'année; B, bourgeon devant donner une tige aérienne l'année suivante; C, empreinte de la tige de l'année précédente; D, empreinte plus ancienne.

même arriver qu'une portion de rhizome, sortant par hasard de terre, se transforme en une tige aérienne.

Les bourgeons qui proviennent d'un rhizome sont souvent charnus au moment où ils sortent de terre pour donner naissance à un rameau aérien. Ceux d'Asperge, que l'on emploie comme comestibles, portent le nom de *turions*.

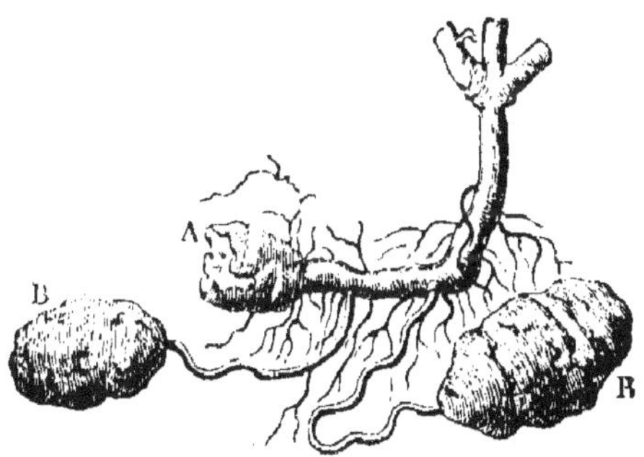

Fig. 207. — Tubercules de la pomme de terre. A, tubercule de l'année précédente ayant donné naissance à la plante; B, tubercules ayant poussé sur des ramifications du rhizome.

26. Tubercules. — Nous avons dit que lorsqu'une racine prend un développement considérable en grosseur et devient un réservoir de nourriture, on lui donne le nom de *tubercule*. On applique la même désignation aux renflements du rhizome. Les rhizomes tuberculeux s'observent chez la Pomme de terre et l'Igname de Chine.

Les tubercules que nous mangeons sous le nom de pommes de terre sont des rameaux souterrains déformés ; car ils naissent sur des rhizomes ; ils présentent à leur surface des yeux ou bourgeons d'où sortent, soit des rameaux, soit des racines adventives ; enfin ils verdissent à la surface quand ils sont exposés à la lumière (*fig*. 207).

27. Bulbes. — Une autre variété de tige souterraine est le *bulbe* ; on le trouve dans l'Oignon, l'Ail, le Poireau, le Lis, la Jacinthe, la Tulipe, etc. Pour connaître la structure des bulbes, il faut en étudier plusieurs types.

L'Oignon vit deux ans : la première année il ne pousse que des feuilles, la seconde année il produit des feuilles et des fleurs. Si on considère un Oignon à la fin de la première année, on voit que sa base présente un renflement sphéroïdal qui est le bulbe (*fig*. 208). Coupons-le, nous verrons à la partie inférieure un cône déprimé, le *plateau*, dont la base porte le faisceau de filaments qui constitue la racine ; de la partie conique se détachent des sortes de tuniques plus ou moins foliacées, emboîtées les unes dans les autres ; à l'extérieur elles sont roussâtres et desséchées ; c'est la base des feuilles de l'année ; à l'intérieur elles deviennent de plus en plus épaisses et charnues ; au centre est un bourgeon également charnu qui doit produire les feuilles et la tige florifère de l'année suivante. Ainsi dans le bulbe de l'Oignon, il n'y a, à proprement parler, que le plateau qui représente la tige.

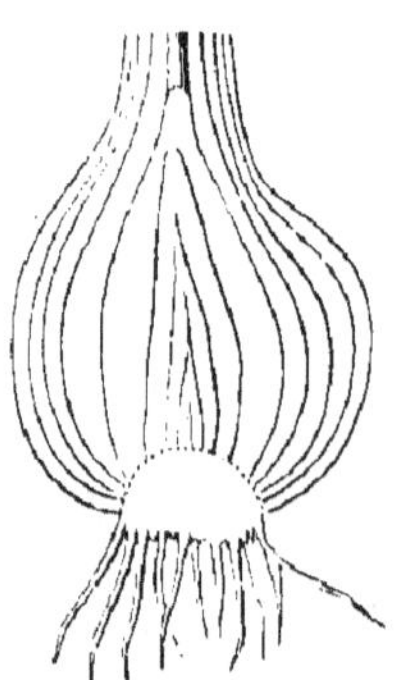

Fig. 208. — Bulbe de l'oignon.

Le bulbe de l'Ail ressemble beaucoup à celui de l'Oignon ; mais entre chaque tunique, comme à l'aisselle d'une feuille, se forme un bourgeon qui devient un petit bulbe ou *caieu*; c'est lui qui constitue la gousse d'ail.

Dans le Lis (*fig.* 209), chaque écaille de la tunique est trop étroite pour envelopper complétement le bulbe; elles s'imbri-

Fig. 209. Bulbe écailleux du lis.

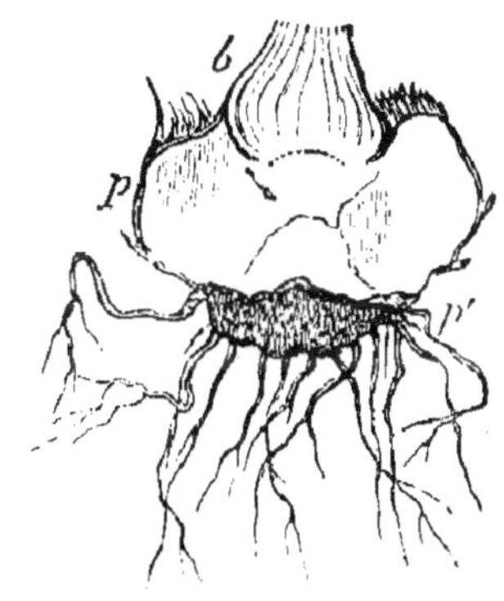

Fig. 210. — Bulbe écailleux du safran. *b*, bourgeon; *p*, plateau; *p'*, plateau de l'année précédente.

quent l'une sur l'autre comme les bractées d'un artichaut.

Dans le Safran (*fig.* 210), le plateau est très-développé et semble au premier abord former à lui seul tout le bulbe; les feuilles partent seulement de sa partie supérieure.

Les bulbes tels que ceux de l'Oignon et de l'Ail ont reçu le nom de *tuniqués*; le bulbe du Lis est le type des bulbes *écailleux* et celui du Safran le type des bulbes *solides*.

Composition anatomique des tiges. — La composition anatomique des tiges varie avec la classe à laquelle appartient le végétal.

28. Tige herbacée des Dicotylédonées. — Si l'on examine avec une bonne loupe une section fine faite transversalement dans une tige herbacée de Dicotylédonée (*fig.* 211), on voit une masse demi-transparente au milieu de laquelle on distingue des taches plus obscures disposées symétriquement. La masse transparente est le *parenchyme*; les taches obscures sont les *faisceaux fibro-vasculaires*.

La masse de parenchyme qui se trouve au centre des faisceaux fibro-vasculaires est la *moelle*; celle qui les entoure à l'extérieur est l'*enveloppe cellulaire externe*, dite aussi *enveloppe herbacée* parce qu'elle est colorée en vert. Enfin les parties du parenchyme qui sont entre les faisceaux fibro-vasculaires et qui les séparent l'un de l'autre portent le nom de *rayons médullaires*.

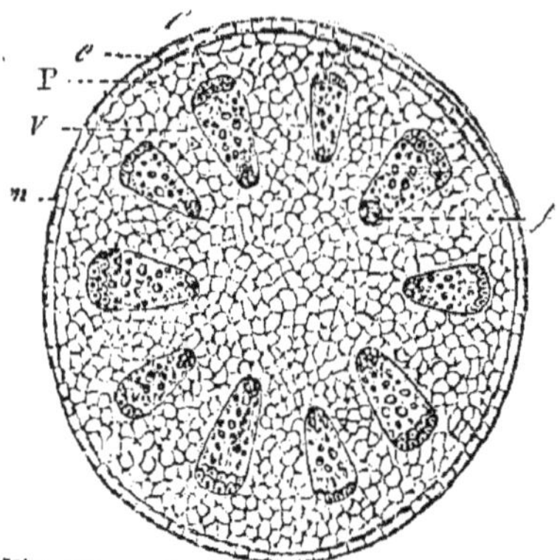

Fig. 211. — Section transversale d'une tige herbacée de dicotylédonée, vue au microscope.

29*. Parenchyme; tissu cellulaire. — Le parenchyme est formé de cellules. Les *cellules* (*fig.* 212) sont de petits corps sphériques ou polyédriques formés par une enve-

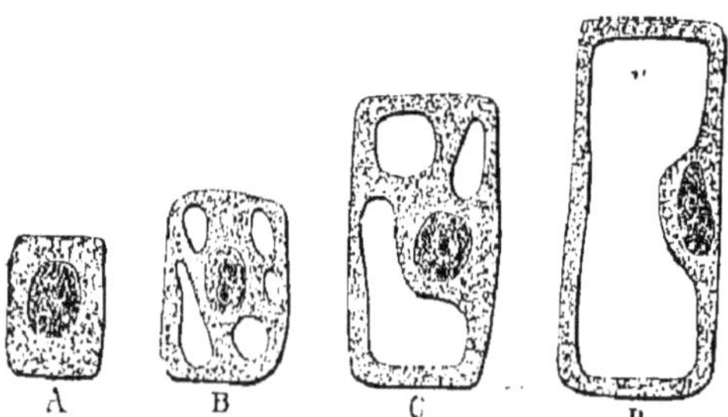

Fig. 212. — Cellules à différents âges.

loppe membraneuse, élastique, composée d'une substance chimique particulière qui a reçu le nom de *cellulose*. Lorsque la cellule est jeune, elle contient une matière albuminoïde, molle, non élastique, nommée *protoplasma*, et un liquide très-aqueux, le *suc cellulaire*. Le protoplasma est la partie essentiellement vivante de la cellule; c'est lui qui se produit le premier et qui donne naissance aux autres. On y remarque toujours une portion ovoïde où la matière est plus condensée, et que l'on nomme *noyau*.

Lorsqu'une cellule se forme dans une masse de protoplasma préexistante, on voit se produire un nouveau noyau autour duquel se réunit une certaine quantité de protoplasma; puis autour de cette petite pelote protoplasmique apparait une enveloppe de cellulose que le protoplasma remplit complétement (*fig.* 212, A). Peu à peu le volume de la cellule augmente; il se produit au sein du protoplasma des *vacuoles* qui se remplissent de suc cellulaire (B). Les vacuoles s'étendent de plus en plus (C), se réunissent, et bientôt le protoplasma n'apparaît plus que sous forme d'une couche interne molle, non élastique, tapissant la cavité cellulaire (D). Le noyau persiste encore dans le protoplasma et reste appliqué contre les parois cellulaires. Celles-ci subissent elles-mêmes quelques modifications; elles peuvent épaissir, soit également, soit inégalement et à certaines places, sous forme de bandes spirales, d'anneaux, de lignes ou de points conservant leur minceur primitive.

Dans certaines cellules, le protoplasma disparaît; dès lors la cellule cesse de vivre; elle ne sert plus que comme pièce inerte entrant dans l'édifice qui constitue le corps du végétal. D'autres cellules accumulent dans leur intérieur de l'amidon, de l'inuline, des matières grasses et plusieurs autres substances.

Par suite de leur accroissement, la forme des cellules se modifie : de sphérique ou polyédrique qu'elle était primitivement elle devient tubulaire, prismatique ou même rameuse et très-irrégulière. Dans ce dernier cas, les cellules voisines ne se touchent que par un petit nombre de points et laissent entre elles des espaces vides auxquels on a donné le nom de *méats intercellulaires*.

30. Faisceaux fibro-vasculaires; fibres; vaisseaux. — Chaque faisceau fibro-vasculaire (*fig.* 213) est formé de fibres et de vaisseaux.

On désigne sous le nom de *fibres* des tubes courts à parois très-épaisses, qui sont tantôt terminés en pointe aux deux extrémités, tantôt coupés obliquement comme en sifflet (*fig.* 214).

Les *vaisseaux* sont des tubes longs formés par des fils de

cellules, dont les cloisons transversales se sont résorbées. On en distingue plusieurs variétés.

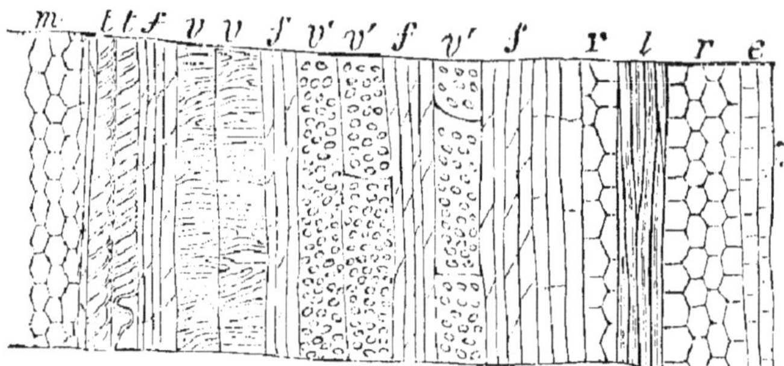

Fig. 213. — Coupe verticale d'un faisceau fibro-vasculaire. *m*, moelle; *t*, trachées; *v*, vaisseaux annelés; *v'*, vaisseaux ponctués; *f*, fibres ligneuses; *r*, couche cellulaire accompagnant les fibres du liber *l*; *e*, enveloppe herbacée.

Les uns présentent sur leurs parois des parties plus minces que l'on voit sous forme de points, de raies, d'anneaux : on les appelle *vaisseaux ponctués, rayés, annelés,* et d'une manière plus générale *fausses trachées* (*fig.* 215, A, B).

Fig. 214. — Fibres.

Chez d'autres, les parties minces constituent une ligne spirale continue, de sorte que si l'on vient à tirer aux deux extrémités du vaisseau, on le déchire suivant cette ligne mince et on le voit s'étirer comme le font les ressorts à boudin ou les anciens élastiques en fil de laiton; ces vaisseaux se nomment *trachées* ou *vaisseaux spiraux* (*fig.* 215, C). On peut facilement les observer en déchirant avec précaution une feuille d'oignon ou d'iris.

Les vaisseaux de la troisième catégorie, nommés *vaisseaux propres,* sont formés de cellules tubulaires placées bout à bout. Les cloisons qui les séparent sont perforées de petits pores, ce qui les fait ressembler à des cribles (*fig.* 215, D). On les a nommés aussi pour cette raison *tubes criblés.* Cette espèce de grillage peut aussi se retrouver sur les parois latérales.

La position de ces divers vaisseaux dans le faisceau fibro-vasculaire est déterminée. A l'extérieur sont les vaisseaux

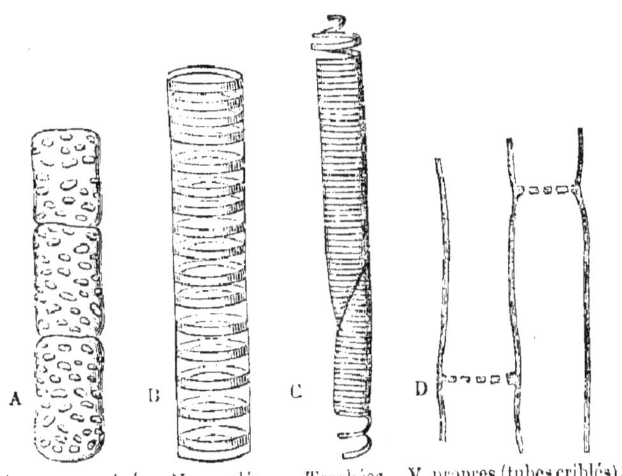

Vaisseaux ponctués. V. annelés. Trachées. V. propres (tubes criblés).
Fig. 215. — Vaisseaux.

propres, à l'intérieur, du côté de la moelle, les trachées, et entre les deux les fausses trachées.

Si donc on vient à examiner une coupe verticale de la tige passant par un faisceau fibro-vasculaire. On y distingue les zones qui sont de dehors en dedans.

1re zone,	parenchyme intérieur,	moelle,	cellules.
2e —	faisceau fibro-vasculaire,	étui médullaire,	fibres et trachées.
3e —		bois,	fibres et fausses trachées.
4e —		liber,	fib. et vaisseaux propres.
5e —	parenchyme extérieur,	enveloppe herbacée.	
6e —	épiderme.		

31. Épiderme. — En dehors du parenchyme extérieur et enveloppant complétement la tige comme les autres parties du végétal, se trouve l'*épiderme*, divisé en deux couches : l'une intérieure, formée de cellules rectangulaires serrées les unes contre les autres; l'autre extérieure, la *cuticule*, qui est une membrane très-mince, sans organisation appréciable. A la surface de l'épiderme on distingue en outre de petits trous, les *stomates*, dont il sera plus amplement question à propos des feuilles.

32*. Tige ligneuse des Dicotylédonées. —

Les tiges ligneuses, qui durent plusieurs années, ont une structure plus compliquée que les tiges annuelles (*fig.* 216).

Vers la partie périphérique des faisceaux fibro-vasculaires,

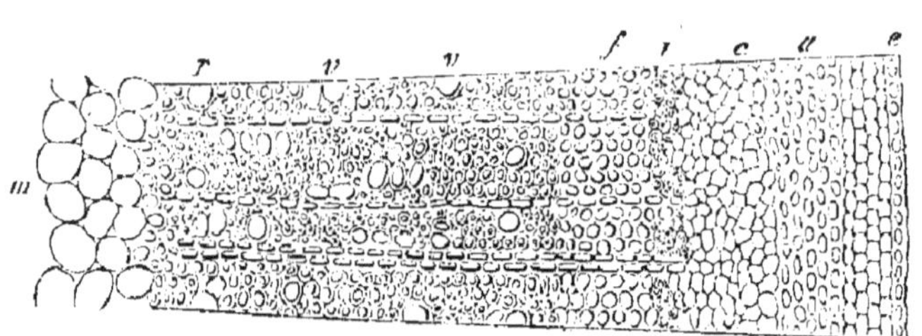

Fig. 216. — Section transversale d'un faisceau fibro-vasculaire de dicotylédonée, vue au microscope. *m*, moelle ; *r*, étui médullaire ; *v*, bois ; *f*, couche génératrice ; *i*, liber ; *c*, enveloppe herbacée ; *a*, couche subéreuse ; *e*, épiderme.

entre les vaisseaux propres et les fausses trachées, il y a une couche de tissu cellulaire que l'on nomme couche génératrice (*fig.* 216, *f*), et où se produisent les nouveaux tissus qui doivent accroître l'arbre en diamètre. Chaque année il s'y

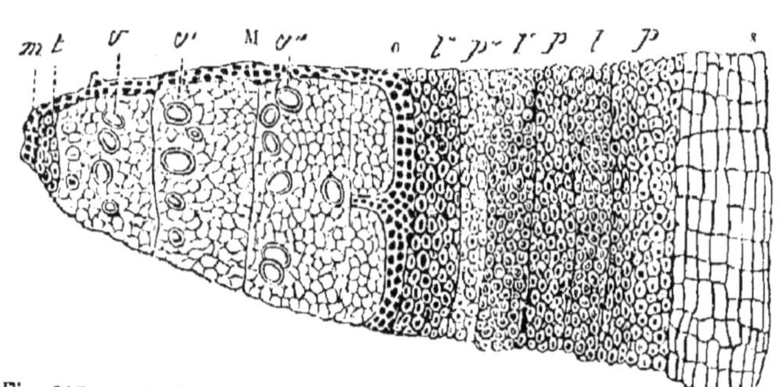

Fig. 217. — Section transversale d'un tronc de dicotylédonée de plusieurs années. *m*, moelle ; *t*, étui médullaire ; *v*, *v'*, *v''*, couches de bois de 1re, 2e et 3e année ; *l*, *l'*, *l''*, couches de liber de 1re, 2e et 3e année ; *p*, *p'*, *p''*, couches de parenchyme extérieur alternant avec les couches annuelles de liber ; *s*, suber ; *o*, zone génératrice ; M, rayon médullaire.

forme du côté interne une couche de fibres et de fausses trachées qui s'ajoute au bois, et du côté externe une couche de fibres et de vaisseaux propres qui s'ajoute au liber. Cette zone génératrice, toujours gorgée de sucs et formée de tissu nouveau, se déchire facilement. Aussi peut-on séparer aisément de la masse centrale du tronc tout ce qui est en dehors de la zone génératrice. Cette partie extérieure est l'*écorce*. Chaque année il se forme une nouvelle couche de bois et une nouvelle couche de liber. L'écorce s'accroît donc de dedans en dehors, tandis que le bois s'accroît de dehors en dedans.

33. Bois. — Cette structure est très-reconnaissable. Si on coupe un arbre, un chêne par exemple (*fig.* 218), on voit le bois formé de couches concentriques qui correspondent chacune à l'accroissement d'une année. On peut donc juger de l'âge d'un arbre par le nombre de cercles concentriques qui se trouve dans le bois; mais il faut pour cela faire la section à la base du tronc. Si on la faisait plus haut, on ne verrait pas les couches ligneuses dues aux premières années; car l'arbre croît en hauteur en même temps qu'en diamètre, et on peut le considérer comme formé de cônes emboîtés les uns dans les autres, et dont le plus extérieur est le plus récent. Le bois nouveau a moins de dureté que le bois plus ancien, il est plus facilement attaqué par les insectes. Aussi ne l'emploie-t-on pas dans les constructions, et quand on fait des madriers ou des planches en chêne, on a soin d'enlever le jeune bois. Celui-ci porte le nom d'*aubier*, par opposition au cœur du bois; il en diffère quelquefois par la couleur. Ainsi dans le noyer il est blanchâtre, tandis que le cœur est brun foncé.

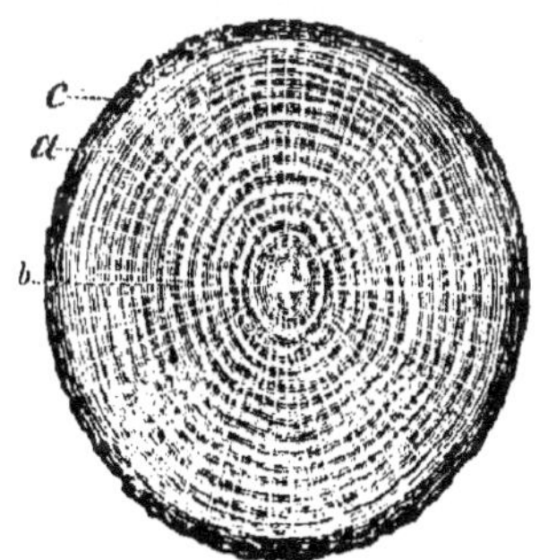

Fig. 218. — Section transversale d'un tronc de chêne. *c*, écorce; *a*, aubier; *b*, bois.

En même temps qu'il se produit de nouvelles couches de bois, les rayons médullaires se multiplient; ceux qui existaient déjà se prolongent à travers le jeune bois, et il s'en forme de nouveaux dans l'intervalle des premiers. Mais ces nouveaux rayons ne pénètrent jamais dans le bois plus ancien; ils s'arrêtent toujours intérieurement à la couche contemporaine de leur apparition. Ainsi les rayons formés la seconde année, au lieu d'aller jusqu'à la moelle, s'arrêtent à la surface extérieure de la première zone du bois, ceux formés la troisième année s'arrêtent à la deuxième zone, et ainsi successivement.

34. Écorce. — En même temps que les nouvelles couches de bois, il se produit de nouvelles couches de liber; mais celles-ci sont souvent si minces, qu'on peut difficilement les distinguer l'une de l'autre. Les fibres du liber sont généralement longues, flexibles et tenaces. Ce sont elles qui sont employées comme matière textile dans le Lin, le Chanvre, le Tilleul.

Non-seulement l'écorce s'accroît à l'intérieur par la production de nouvelles couches de liber, mais elle augmente aussi à l'extérieur par le développement, entre l'enveloppe herbacée et l'épiderme, d'un tissu cellulaire spécial formé principalement de cellules rectangulaires serrées les unes contre les autres, et souvent colorées en brun[1]. Cette zone porte le nom d'*enveloppe subéreuse* ou *périderme*.

Le périderme, généralement mince, acquiert une grande épaisseur dans le Chêne-liége. Il s'y produit tous les ans une couche de matière subéreuse, et chacune de ces zones annuelles est séparée par des lignes brunes dues à ce que les cellules formées à l'automne sont plus épaisses et plus colorées que les autres. Ce n'est que lorsque l'arbre a atteint l'âge de dix à quinze ans que l'on commence à exploiter le liége. On pratique sur le tronc deux incisions longitudinales réunies par des incisions transversales, et l'on soulève la couche subéreuse en ayant soin de respecter l'enveloppe herbacée (*fig.* 219). Cette précaution est nécessaire pour que le liége puisse se reproduire. Tous les sept à huit ans, on retire une nouvelle plaque de liége. La première enlevée est de mauvaise qualité, grossière, peu élastique, on la nomme liége mâle. La deuxième plaque est de meilleure qualité, et les suivantes sont de plus en plus fines et élastiques, c'est le liége femelle.

La structure de l'enveloppe subéreuse a une grande influence sur l'apparence qu'offre le tronc des arbres; car l'épiderme, débordée outre mesure par la croissance en diamètre, ne tarde pas à se déchirer et à disparaître.

1. Souvent le suber présente des zones cellulaires de diverse nature (*fig.* 216).

Dans le Bouleau blanc de notre pays, on détache facilement de l'écorce de grandes plaques employées pour faire des boîtes et autres petits objets. Le Bouleau à papier, du Canada, donne des lames si minces et si étendues, que les

Fig. 219. — Exploitation du liège.

indigènes en faisaient des canots assez grands pour contenir quatre personnes, et ne pesant tout au plus que vingt-cinq kilogrammes. Ces lames sont formées de zones péridermiques, brunes et solides, pouvant se détacher facilement l'une de l'autre, car elles ne sont unies entre elles que par une couche mince de cellules très-tendres et de couleur blanche; ce sont ces pellicules blanches qui donnent au tronc du bouleau l'aspect blanc qui lui a valu son nom spécifique.

Dans les arbres à écorce lisse, tels que le Hêtre. L'enveloppe subéreuse de chaque année est formée uniquement de tissu très-solide; elle est, elle-même, assez mince, et il ne se produit aucune exfoliation.

Chez le Platane, la surface extérieure du tronc se renouvelle tous les ans par exfoliation. De grandes plaques d'écorce d'un vert sombre se détachent et laissent voir le tissu sous-jacent de couleur beaucoup plus claire. Ce fait est encore dû à la formation annuelle d'une couche de tissu subéreux qui se produit cette fois au milieu des couches du liber et les entraîne dans sa chute.

Chez le Chêne, le Poirier, le Cerisier, le Prunier, le Tilleul, le tissu subéreux se forme dans la même position, au milieu du système cortical, mais les plaques d'écorce ne se détachant que sur les bords et restant adhérentes par le milieu, donnent au tronc l'apparence rude et crevassée qu'on lui connaît. Dans ces deux cas, le déchirement de l'écorce est une conséquence de l'accroissement en volume du bois.

Il faut encore mentionner comme une dépendance de la zone subéreuse, les *lenticelles*, petites proéminences brunâtres qui font saillie à travers l'épiderme des jeunes rameaux. La forme et le nombre des lenticelles peut être utile à considérer; les pépiniéristes s'en servent pour reconnaître les variétés de poiriers et d'autres arbres.

35. — Le tableau suivant résumera la composition anatomique du tronc ligneux des végétaux dicotylédonés.

Bois,	moelle,		parenchyme intérieur.
	étui médullaire,		
	bois proprement dit,	cœur de bois,	
		aubier,	faisceaux fibro-vasculaires.
Zone génératrice,			
Écorce,	liber,		
	enveloppe herbacée,		
	enveloppe subéreuse.		parenchyme extérieur.
Epiderme.			

36. Tige des Monocotylédonées. — La tige

des Monocotylédonées, qu'elle soit ligneuse ou herbacée, présente une différence notable avec les précédentes.

Les faisceaux fibro-vasculaires, au lieu d'être disposés circulairement et symétriquement, sont disséminés sans ordre au milieu du parenchyme, mais en plus grande quantité à la circonférence qu'au centre (*fig.* 220). Lorsque, avec l'âge, le parenchyme se dessèche et se détruit, le centre de la tige devient presque vide, tandis que l'extérieur est très-dur. Cette circonstance rend les tiges ligneuses des Monocotylédonées très-légères; on les emploie sous le nom de bambous pour faire des cannes, des manches de parapluie, etc.

Le parenchyme est le même chez les Monocotylédonées que

Fig. 220. — Section verticale d'une tige de monocotylédonée, montrant la disposition des faisceaux fibro-vasculaires.

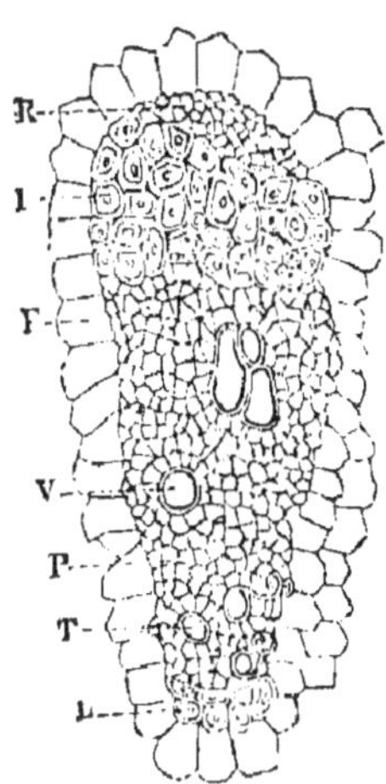

Fig. 221. — Section transversale d'un faisceau fibro-vasculaire d'une monocotylédonée. L, fibres épaisses; T, trachées déroulables; P, cellules et fibres; V, fausses trachées, I, fibres épaisses (liber); R, vaisseaux propres; F, tissu cellulaire entourant les faisceaux fibro-vasculaires.

chez les Dicotylédonées. Les faisceaux fibro-vasculaires présentent quelques différences, mais on peut encore y reconnaître trois zones (*fig.* 221); l'extérieure, contenant des vaisseaux propres, l'intérieure, avec des trachées, et la moyenne, renfermant des fausses trachées. Les Monocotylédonées manquent de la zone génératrice qui, chez les Dicotylédonées, donne naissance aux couches concentriques annuelles.

37*. Tige des plantes aquatiques. — Chez les plantes aquatiques, telles que chez les Nymphéas, les Potamogeton, les Hydrocharis, il y a dans la tige de grandes lacunes remplies d'air qui servent, en quelque sorte, de vessie natatoire à ces végétaux.

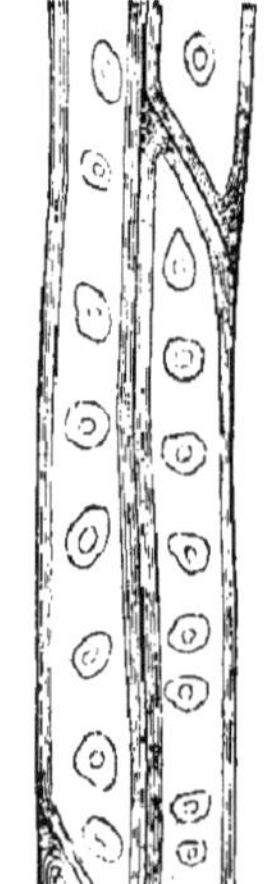
Fig. 222. Fibre aréolée d'une gymnosperme.

38. Tige des Gymnospermes. — Le tronc ligneux des Gymnospermes ressemble beaucoup, pour la structure, à celui des Dicotylédonées. Il est également formé de zones concentriques annuelles coupées par des rayons médullaires; mais sauf dans l'étui médullaire, le bois proprement dit ne contient pas de vaisseaux; il est composé de cellules allongées dont les parois latérales sont perforées de ponctuations aréolées [1] (*fig.* 222).

39*. Tige des Cryptogames. — Parmi les Cryptogames, quelques espèces, telles que les Fougères, les Lycopodes, présentent aussi de nombreuses tiges des faisceaux fibro-vasculaires [2] disposés

1. **38** *bis.* Lorsque la membrane cellulaire commence à s'épaissir, des espaces relativement larges ne se recouvrent d'aucun dépôt; puis, autour de ces réserves, il se produit un bourrelet qui surplombe en forme de voûte sur la partie restée mince. Les deux voûtes opposées limitent un espace lenticulaire qui apparaît comme une aréole au centre de laquelle on voit une perforation (*fig.* 223).

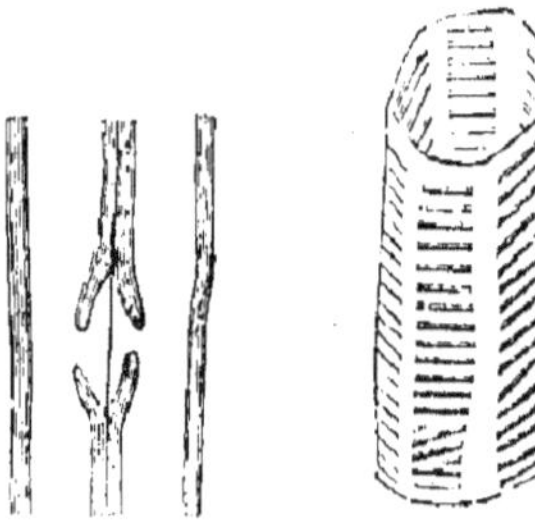
Fig. 223. Structure d'une aréole de gymnosperme.

Fig. 224. — Vaisseau scalariforme de fougère.

2. **39** *bis.* Ces faisceaux sont formés par quelques trachées et par de grandes cellules ou vaisseaux dont les espaces minces aréolés comme ceux des Gymnospermes, ont la forme de lames étroites parallèles, ce qui les fait ressembler à des barreaux d'échelle (*fig.* 224). De là le nom de *vaisseaux scalariformes* donné à ces éléments du tissu végétal.

régulièrement dans le parenchyme. Chez les Mousses, ces faisceaux font défaut, et la tige est complétement cellulaire. Enfin, chez les Champignons et les Algues, il n'y a plus de véritable tige et le végétal est uniquement formé de cellules.

40. Poils. — Les tiges, comme les feuilles, sont souvent couvertes de poils formés par une ou plusieurs cellules dépendant de l'épiderme et affectant les formes les plus variées. Il est des poils simples, d'autres rameux, des poils pointus, des poils en massue, des poils étoilés, des poils en navette. Ceux de l'Ortie méritent notre attention. Chaque poil est formé par une cellule très-allongée, renflée à la base et pointue à l'extrémité; il renferme un liquide caustique, et quand il vient à s'enfoncer dans la chair, son extrémité, sèche et cassante comme du verre, se brise, et le liquide se répand dans la plaie (*fig.* 225).

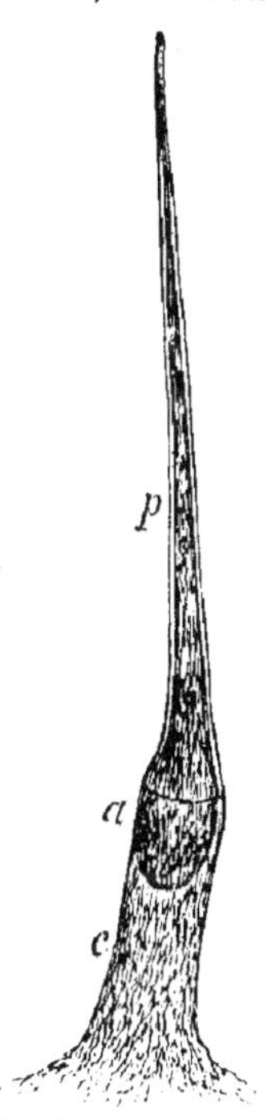

Fig. 225. — Poil de l'ortie. *p*, poil; *a*, ampoule contenant le liquide corrosif; *c*, pédicule sécrétant le liquide qui passe ensuite dans l'ampoule.

Il suffit d'avoir cueilli quelques fleurs le long des fossés et des haies pour avoir senti les démangeaisons causées par la piqûre de nos Orties; mais ce n'est rien auprès des accidents produits par les orties exotiques. Leschenault ayant été piqué par l'*Urtica crenulata* de l'Inde, éprouva pendant deux jours des douleurs très-vives accompagnées de symptômes tétaniques et en ressentit les effets pendant plus de neuf jours. L'*Urtica ferox* de la Nouvelle-Zélande a la même action, et l'*Urtica urentissima* ou Feuille du Diable de Java cause des douleurs que l'on sent plusieurs années; on dit même qu'elle peut produire le tétanos et la mort.

41. Aiguillons et épines. — Les *aiguillons* des Rosiers, des Groseilliers, etc., sont un prolongement de l'épiderme ou du tissu cellulaire sans épiderme. On peut les détacher facilement de la tige, et il ne reste qu'une tache blanche à la surface de l'écorce. Il n'en est pas de même des *épines,* telles que celles du Prunellier, de l'Aubépine, de l'Épine-vinette, du Faux-Acacia. Ces épines sont reliées au tissu ligneux du bois ; ce sont des organes avortés et transformés en piquants : des rameaux dans le Prunellier, des feuilles dans l'Épine-vinette, des stipules dans le Faux-Acacia (*fig.* 232).

CHAPITRE III

FEUILLE

42. Structure générale des feuilles. — Les *feuilles* sont les organes essentiels de la végétation. On y dis-

Fig. 226. — Feuilles sessiles et entières du lin. Fig. 227.—Stipules libres de la feuille de poirier. Fig. 228. — Stipules soudées de la feuille de rosier.

tingue deux parties : l'une, plus ou moins filiforme, appelée par le vulgaire, *queue,* et par les botanistes *pétiole;* l'autre, plus ou moins élargie, étalée, qui est la feuille proprement dite ou le *limbe*. Les feuilles sont reliées et fixées à la tige ou à ses rameaux par leur pétiole, cependant chez certains végétaux, les feuilles privées de pétiole sont attachées directement; on les nomme alors feuilles *sessiles*. Ex.: Lin (*fig.* 226). Quelquefois la feuille sessile entoure plus ou moins complétement la tige, on la dit

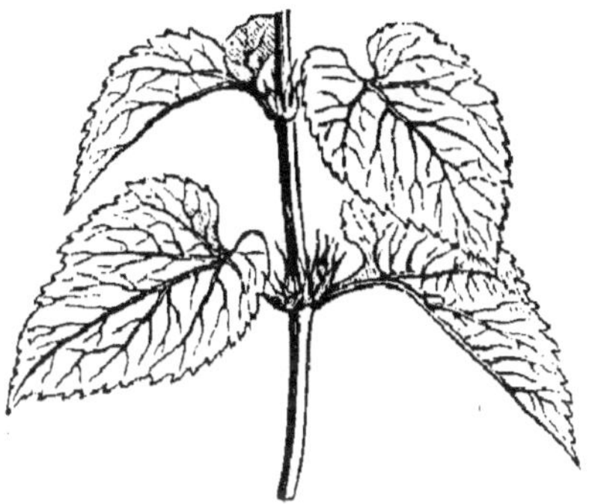
Fig. 229. — Feuilles dentées de la menthe.

alors *amplexicaule* ou *engaînante*. La feuille de Chèvrefeuille est amplexicaule; celle du Blé est engaînante. Souvent, à la naissance de la feuille, il y a deux petites folioles qui ne sont autre chose que des expansions du pétiole. Ce sont les

Fig. 230.
Feuille crénelée du lierre terrestre.

Fig. 231.
Feuille lobée de l'érable.

stipules; elles sont libres dans le Poirier (*fig.* 227), et soudées au pétiole dans le Rosier (*fig.* 228).

En outre, les feuilles ont leurs surfaces tantôt lisses, tantôt couvertes de poils.

43. Forme des feuilles. — La forme des feuilles est très-variable. On les désigne par les épithètes suivantes :

			FEUILLE.	EXEMPLES.
Limbe à contour	entier,		*entière,*	Pervenche.
	présentant de petites saillies	aiguës,	*dentée,*	Menthe (*fig.* 229)
		obtuses,	*crénelée,*	Lierre terrestre (*fig.* 230).
	divisé par des entailles qui pénètrent jusque	à moitié de la feuille,	*lobée* ou *multifide,*	Erable (*fig.* 231).
		au deux tiers de la feuille,	*multipartite,*	Platane.
		près de la côte centrale,	*découpée* ou *laciniée,*	Persil.

44. Feuilles composées. — Il est des feuilles qui ressemblent à des rameaux garnis eux-mêmes de feuilles, telles sont celles du Faux-Acacia, du Pois, du Trèfle, etc. ; on les appelle *composées.* Chacune des petites feuilles porte le nom de *foliole ;* chaque petit pétiole est un *pétiolule* ou *pétiole secondaire,* et ce qui simule l'axe du rameau, est le *pétiole commun.* On distingue une feuille composée d'une branche par l'absence de bourgeons à l'aisselle des folioles, tandis qu'il y en a toujours à l'aisselle des véritables feuilles.

On a établi plusieurs divisions parmi les feuilles composées ; le tableau suivant indique les principales :

			FEUILLE.	EXEMPLES.
Folioles simples au nombre de	trois		*trifoliée,*	Trèfle.
	plus de trois	naissant à différentes hauteurs,	*pennée,*	Faux-acacia (*fig.* 232).
		naissant du même point,	*palmée,*	Lupin (*fig.* 233).
Folioles composées elles-mêmes,			*décomposée,*	Sensitive (*fig.* 248).

Les feuilles décomposées offrent un pétiole commun qui se ramifie ; chaque pétiole secondaire porte à son tour des pétioles tertiaires auxquels sont attachées les folioles.

45. Feuilles anormales. — Il est des feuilles qui présentent des formes tout à fait anormales. Citons les feuilles *peltées* de Capucine, qui sont fixées par leur centre à un pétiole perpendiculaire au plan du limbe ; les feuilles *fistuleuses* de l'Ail et de l'Oignon ; les feuilles *grasses* et charnues des Sedum ; les feuilles en cornet des Sarracenia et autres.

46. Avortement des feuilles, phyllodes. — Les feuilles avortent quelquefois en tout ou en partie. Chez certaines plantes parasites, la Cuscute, les Orobanches, qui

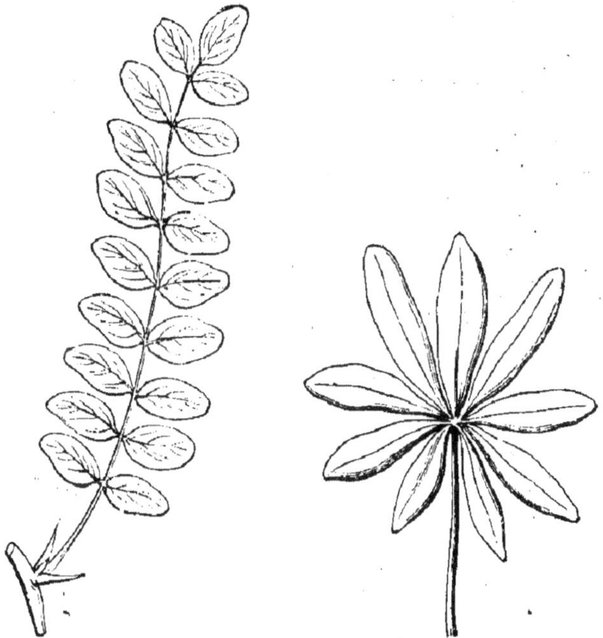

Fig. 232. — Feuille pennée du faux acacia avec stipules épineuses à la base.

Fig. 233. — Feuille palmée du lupin.

puisent dans d'autres végétaux des sucs élaborés, les feuilles

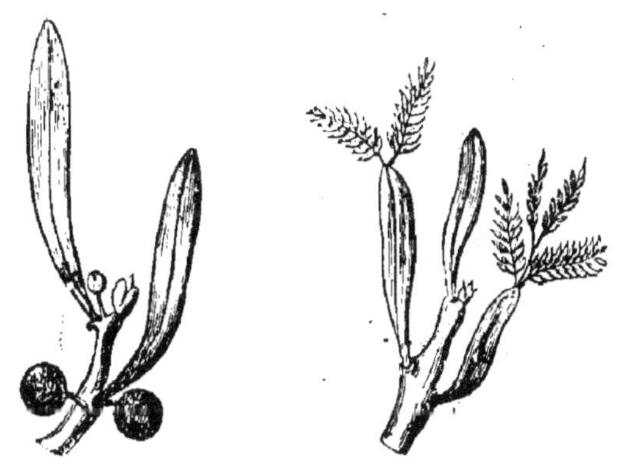

Fig. 234. — Phyllodes d'acacia.

Fig. 235. — Phyllodes et feuilles d'acacia heterophylla.

devenues inutiles sont transformées en écailles. La même

transformation a lieu dans d'autres plantes non parasites, comme l'Asperge et le Cactus, mais alors leurs fonctions sont remplies par les tiges devenues plus ou moins foliacées (§ 17).

Quelquefois le limbe de la feuille avorte, et le pétiole se développe avec une apparence foliacée ; il porte alors le nom de *phyllode*. Beaucoup d'Acacias de la Nouvelle-Hollande ont des phyllodes sans feuilles véritables (*fig.* 234) ; l'une de ces espèces, l'*Acacia heterophylla* (*fig.* 235) montre le passage du phyllode à la feuille. Les premières feuilles qui naissent sont des feuilles normales, décomposées. Dans les suivantes, le nombre des pétioles secondaires diminue, et, à mesure, le pé-

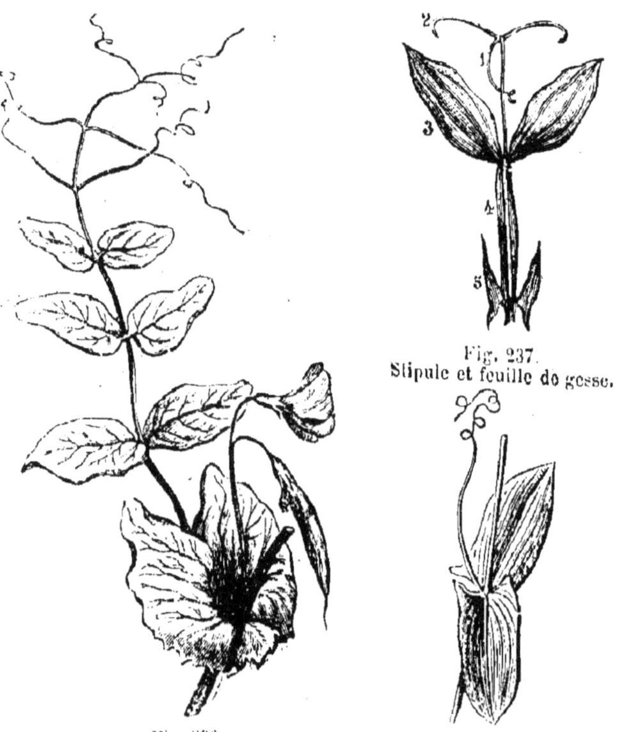

Fig. 236.
Stipule et feuille du pois.

Fig. 237.
Stipule et feuille de gesse.

Fig. 238.
Stipule et feuille de gesse aphaca.

tiole commun s'élargit ; lorsqu'ils disparaissent, ce dernier a la forme d'une feuille très-allongée.

Enfin, il est des feuilles qui n'avortent que partiellement, celle du Pois, par exemple (*fig.* 236). C'est une feuille composée, pennée, qui ne présente que deux ou trois paires de folioles, les folioles de l'extrémité ayant avorté et s'étant transformées en vrilles. Ajoutons qu'à la base de la feuille il y a deux grandes stipules à moitié soudées qui embrassent la tige et qui suppléent, pour la respiration, aux folioles qui manquent. Dans la Gesse (*fig.* 237) la transformation des folioles est encore plus avancée; elle est même complète dans la Gesse aphaca (*fig.* 238) où la feuille est réduite aux stipules.

47. Variations des feuilles d'un même végétal. — Toutes les feuilles d'un même végétal ne sont pas semblables : les premières sont, en général, petites et relativement peu découpées, plus tard, elles augmentent en volume et deviennent plus complexes; plus haut, elles se rabougrissent, et celles qui environnent les fleurs prennent quelquefois une couleur et une forme tellement différente, qu'on leur a donné

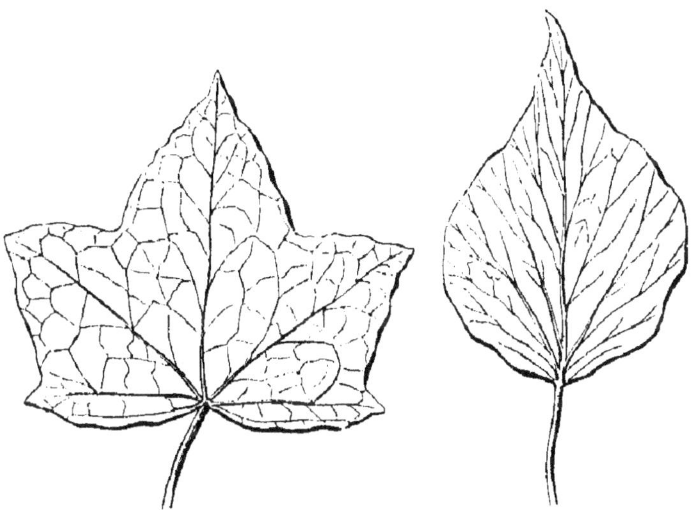

Fig. 239. Feuille des rameaux stériles.

Fig. 240. Feuille des rameaux florifères.

Feuilles du lierre.

un nom spécial, celui de bractées. Chez le Lierre, les feuilles sont à cinq lobes dans les rameaux stériles (*fig.* 239), entières et allongées dans les rameaux florifères (*fig*. 240). La *Campanula rotundifolia* (*fig*. 241), petite fleur bleue qui pousse dans nos bois et nos prairies, présente deux espèces de feuilles, les unes arrondies et crénelées, naissent d'un rhizome, et comme on les voit sortir de terre, on les a nommées feuilles radicales, les autres, entières et lancéolées (forme d'un fer de lance), poussent sur des rameaux aériens.

Fig. 241.—Feuilles de la *Campanula rotundifolia*. *a*, feuilles radicales; *b*, feuilles aériennes.

Cette diversité de feuilles est surtout manifeste chez les végétaux aquatiques; ils en offrent en général deux espèces :

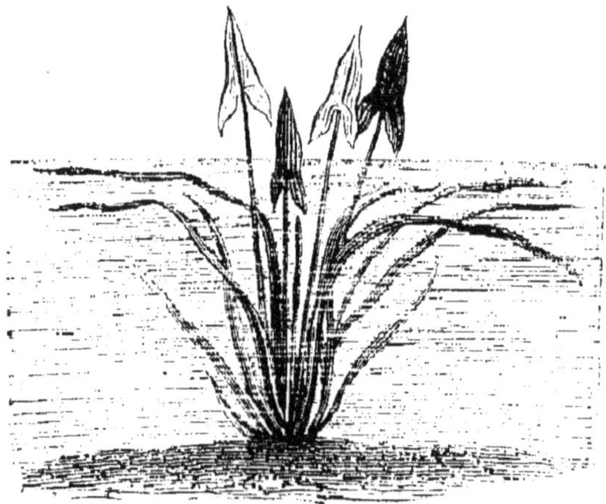

Fig. 242. — Feuilles de la sagittaire.

les unes, aériennes ou flottantes, présentent une forme ordinaire; les autres, submergées, sont réduites à des filaments allongés; c'est ce qui a lieu chez la Sagittaire ou Flèche d'eau (*fig.* 242) quand elle pousse dans les eaux courantes[1], chez la Renoncule aquatique ou Grenouillette, chez la Châtaigne d'eau, etc.

48. Position des feuilles sur la tige. — Les points où les feuilles s'insèrent sur la tige sont appelés *nœuds*. Un même nœud peut donner naissance à une seule feuille ou à plusieurs. Dans le premier cas, les feuilles sont dites *alternes*. Ex. : Orme. Dans le second cas, on les nomme *opposées*, lorsqu'elles sont au nombre de deux (*fig.* 243), situées en face

Fig. 243. Feuilles opposées de la menthe.

Fig. 244. Feuilles verticillées du laurier-rose.

l'une de l'autre : Ex. : Menthe; *verticillées* lorsqu'elles sont au nombre de trois, quatre ou plus. Ex. : Laurier-rose (*fig.* 244).

49. — Les feuilles alternes ont des positions déterminées par des lois mathématiques. Une ligne qui passe par le point d'attache de toutes les feuilles successives décrit sur l'axe une spirale régulière (*fig.* 245), et la partie de l'axe qui sépare chaque feuille de la précédente ou de la suivante est représentée par une fraction constante de la circonférence. Cela sert à déterminer la nature de la spire et la position des feuilles. Pour les trouver, on compte, en suivant la spire génératrice, toutes les feuilles jusqu'à ce qu'on en trouve une qui soit

1. Dans les eaux stagnantes, toutes les feuilles sont aériennes.

exactement au-dessus de celle qui a servi de point de départ, et les tours de spire qu'il faut suivre pour y arriver. Le premier nombre est le dénominateur de la fraction dont le second est le numérateur. Ainsi dans la spire figurée ici, la feuille située en face de celle qui porte le numéro 1 est le numéro 14, et on n'y arrive qu'après avoir décrit 5 tours de spire. On

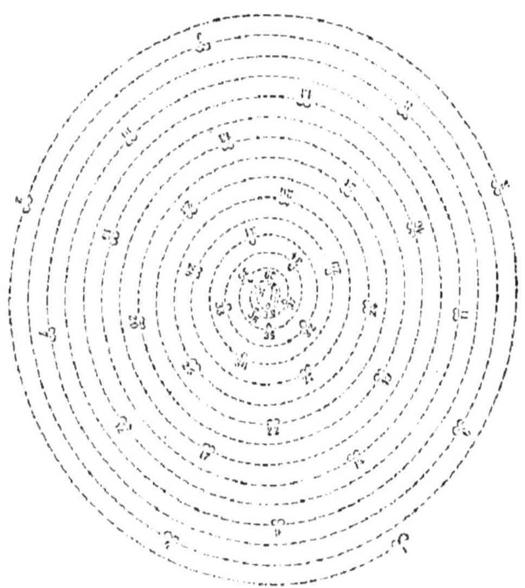

Fig. 245. — Spirale.

compte 13 feuilles dans ces 5 tours. La fraction qui exprime leur position sera 5/13. Les fractions 1/3, 2/5, 3/8, 5/13 sont les plus ordinaires.

Structure anatomique des feuilles. — Anatomiquement, la feuille se compose de trois parties : les nervures, le parenchyme, l'épiderme.

50. — Les **nervures** sont formées par des faisceaux fibro-vasculaires qui, émanés de la tige, sont restés réunis dans le pétiole et se sont étalés dans le limbe. La disposition des nervures est importante à considérer, car elle caractérise les deux grandes divisions des végétaux. Chez les Dicotylédonées, les nervures se ramifient et leurs diverses branches s'anastomosent de manière à donner naissance à un lacis à mailles plus ou moins serrées. On peut généralement y reconnaître une nervure médiane plus considérable que les autres, et traversant la feuille en son milieu[1], et des nervures secondaires qui se rendent aux principaux lobes. Chez les Monocotylédonées, tantôt les nervures s'étendent, sans se diviser, d'une extrémité à l'autre de la feuille. Ex. : Riz, Blé ; tantôt il y a une nervure médiane et des nervures secondaires qui vont jusqu'au bord de la feuille parallèlement et sans se ramifier. Ex. : Sceau de Salomon, Paradisier. Quelques Monocotylédonées, tels que l'Igname de Chine, font exception à cette règle et ont des feuilles à nervures ramifiées comme celles des Dicotylédonées.

51. — Le **parenchyme** des feuilles qui se trouve dans les mailles du réseau formé par les nervures est composé uniquement de cellules colorées en vert par de la *chlorophylle*. Vers la face supérieure, ces cellules sont régulières et serrées les unes contre les autres, tandis que vers la face inférieure, elles sont irrégulières et laissent entre elles de nombreux vides ou lacunes (*fig.* 246). Les lacunes sont très-grandes chez les feuilles aquatiques et servent à les faire flotter.

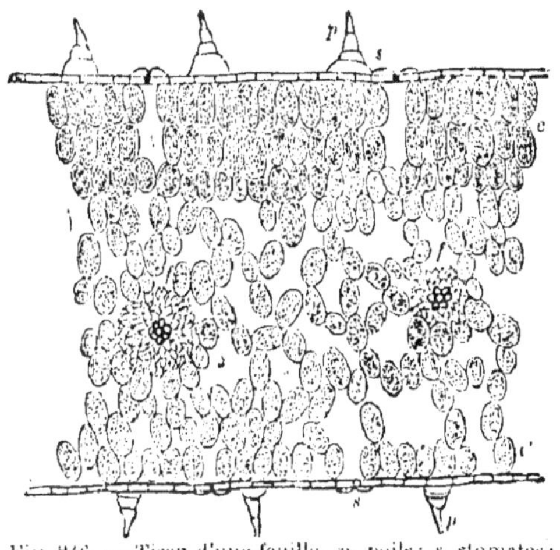

Fig. 246. — Tissu d'une feuille. *p*, poils ; *s*, stomates ; *c*, cellules de la face supérieure de la feuille ; *c'*, cellules de la face inférieure ; *f*, faisceau fibro-vasculaire des nervures.

La chlorophylle qui colore en vert le tissu des feuilles et

1. La feuille est ordinairement symétrique par rapport à la nervure médiane ; dans les Bégonias, elle est asymétrique ou comme contournée.

de plusieurs autres parties des végétaux, est constituée par de petits corps mous, de forme variable, composées de substance protoplasmique imprégnée d'une très-petite quantité de matière verte. La chlorophylle joue un rôle fort important dans les fonctions des feuilles, c'est-à-dire dans la respiration végétale. Elle enveloppe souvent de petits grains d'amidon. Berzélius croyait pouvoir évaluer à dix grammes la quantité de matière verte nécessaire pour colorer un grand arbre. Il est des feuilles diversement colorées ; ainsi l'Arroche a des feuilles rouges ; cette coloration, toute superficielle, réside dans l'épiderme, sous lequel on trouve le parenchyme vert.

52. — L'épiderme qui recouvre les feuilles ressemble à celui qui existe sur tous les autres organes du végétal et présente une partie cellulaire recouverte par la *cuticule*. C'est surtout dans les feuilles que l'épiderme est parsemé de *stomates* (*fig.* 247), petites ouvertures bordées de deux cellules en forme de bourrelets et communiquant avec les lacunes du parenchyme. Les stomates sont plus nombreuses à la face inférieure des feuilles qu'à leur face supérieure ; celle-ci en est même souvent tout à fait privée. Sur les feuilles de Reine-Marguerite, on a compté trente-cinq stomates par millimètre carré à la face supérieure, et soixante-dix à la face inférieure ; sur le Frêne, cent soixante-cinq à la face inférieure et aucune à la face supérieure. Chez les plantes aquatiques à feuilles flottantes, les stomates se trouvent principalement ou même uniquement à la face supérieure, au contact de l'air. Dans les feuilles submergées, l'épiderme est réduit à la cuticule.

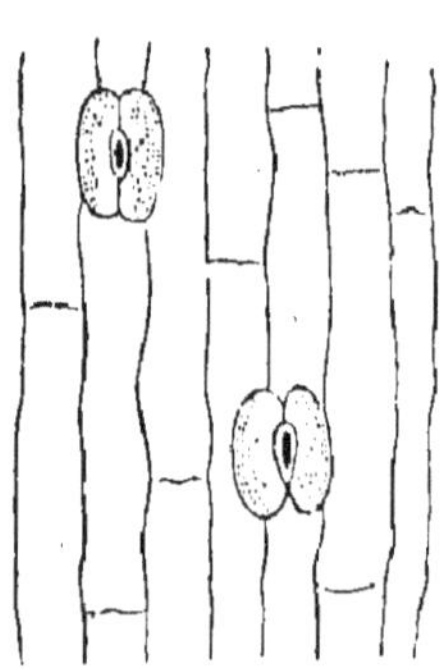
Fig. 247. — Épiderme avec stomates.

53. Mouvements des feuilles. — Les feuilles exécutent parfois des mouvements très-remarquables. La Sensitive, en est un des exemples les plus intéressants. Ce végétal, originaire de l'Amérique méridionale où il est vivace, ne supporte guère les froids de nos pays, mais en le semant à l'entrée de l'hiver et en le maintenant pendant la saison froide dans une serre tempérée ou dans une chambre, on obtient au printemps un pied assez fort pour produire des mouvements. La feuille de la Sensitive est une feuille décomposée (§ 44); si on vient à en toucher une partie quelconque avec le doigt ou avec la pointe d'un canif, chaque foliole s'élève, s'applique contre celle qui lui est opposée ; puis toutes les folioles fixées sur un même pétiole secondaire s'appliquent l'une sur l'autre comme les tuiles d'un toit, les pétioles secondaires se rapprochent, et le pétiole commun tombe flasque contre la tige (*fig.* 248). Ces

Fig. 248. — Feuille de sensitive en partie fermée.

mouvements gagnent de proche en proche à partir de l'endroit touché et sont d'autant plus étendus que l'irritation a été plus forte. Après plusieurs excitations répétées, la plante devient de moins en moins sensible; mais elle souffre et peut même périr. La moindre cause détermine la fermeture des feuilles, le tremblement produit par une voiture, le galop d'un cheval, un nuage passant devant le soleil, un rayon de soleil pénétrant dans un lieu obscur, etc. Tous les soirs la Sensitive ferme ses feuilles pour ne les rouvrir que le lendemain matin. La lumière paraît être la cause de ce phénomène, car de Candolle ayant placé une Sensitive dans une chambre qu'il éclairait la nuit avec huit lampes et où il maintenait pendant le jour une obscurité complète, la plante ouvrit ses feuilles pendant la nuit et les ferma pendant le jour.

Bien des végétaux à feuilles composées de nos pays ferment aussi leurs folioles pendant la nuit; c'est ce que Linné appela le sommeil des feuilles. Les folioles du Baguenaudier se redressent sur le pétiole commun pour appliquer l'une contre l'autre leurs faces supérieures. On observe des phénomènes analogues dans le Faux-Acacia, la Gesse odorante, le Pois de senteur, la Fève. Les folioles du Trèfle incarnat se relèvent de manière à se toucher par leur extrémité supérieure et à laisser entre elles comme un berceau.

Parmi les mouvements exécutés par les feuilles, il faut citer le phénomène du retournement. Les feuilles ont deux surfaces bien distinctes, anatomiquement et physiquement : la supérieure lisse; l'inférieure rugueuse, irrégulière, souvent couverte de poils. Si on vient à placer une feuille dans une position inverse, c'est-à-dire la surface supérieure en bas ou appliquée contre un mur, elle se retourne spontanément au bout d'un temps plus ou moins long, de manière à avoir toujours sa surface supérieure exposée à la lumière.

CHAPITRE IV

FONCTIONS VITALES[1].

51. Fonctions doubles des végétaux. — Il a été dit plus haut (§ 1) que le rôle du règne végétal est de fabriquer avec les éléments inorganiques des corps ternaires ou quaternaires susceptibles de servir à l'alimentation du règne animal. Mais dans l'étude des fonctions des plantes, on

1. Ce chapitre ne peut être étudié avec fruit que par des élèves ayant déjà des notions de chimie organique.

ne doit pas perdre de vue que les végétaux sont des êtres vivants chez lesquels les phénomènes de développement, de croissance, de reproduction, exigent des mouvements et même de la chaleur, par suite une combustion analogue à la combustion animale.

Une comparaison, un peu triviale peut-être, rendra parfaitement compte de la vie et du rôle des végétaux. Le règne végétal est le restaurateur du règne animal ; il prépare les aliments que viendront lui demander les animaux ses consommateurs, mais il doit y prélever une légère part pour sa propre nourriture : il joue donc à la fois les rôles de producteur et de consommateur, le premier étant relativement beaucoup plus important que le second.

1° *Fonctions vitales des végétaux considérés comme producteurs de matière organique.*

55. Éléments constitutifs des végétaux. — Les éléments que renferment les végétaux, et qu'ils doivent par conséquent puiser dans la terre et dans l'air pour se les assimiler sont : le carbone, l'oxygène, l'hydrogène, qui forment la masse principale de leurs tissus, l'azote qui s'y trouve en moins grande abondance, le soufre, le phosphore, la silice, les sels de potasse, de chaux, de magnésie et de fer qui s'y rencontrent aussi en moindre quantité.

La présence de ces éléments dans les plantes est facile à constater. Il suffit de chauffer des végétaux en vase clos pour qu'ils se transforment en charbon de bois et décèlent ainsi aux yeux de tous le carbone qu'ils renferment ; en même temps il se dégage de l'eau produite par la combinaison de l'oxygène et de l'hydrogène. Les chimistes représentent par la formule $C^{12}H^{10}O^{10}$ la composition de la *cellulose* qui forme le tissu élémentaire et essentiel des végétaux. Souvent la distillation en vase clos dont nous venons de parler donne naissance à de l'ammoniaque qui témoigne de l'existence de l'azote. Ce corps est du reste un élément constitutif du protoplasma. On trouve aussi des composés azotés dans certaines graines, tels sont le gluten dans le Blé, et la légumine dans les

Haricots. Le soufre se trouve dans certaines huiles essentielles (essence d'ail, de moutarde) et dans les substances albuminoïdes. Le phosphore est en très-petite quantité dans le Blé. Les cendres des végétaux renferment en abondance des sels de potasse qui les font rechercher par les blanchisseurs pour faire de la lessive[1]. Chez quelques plantes croissant sur le bord de la mer la soude remplace la potasse. La silice donne aux tiges du Blé leur rigidité ; elle s'accumule dans les Prêles, dont nos ménagères se servent pour nettoyer les ustensiles de métal. Le fer est le principe de la coloration en vert de la chlorophylle. Son rôle dans la vie de la plante est donc d'une grande importance. La chaux se trouve dans les cristaux d'oxalate de chaux des cellules.

56. Aliments des végétaux. — L'oxygène et l'hydrogène pénètrent dans les végétaux à l'état d'eau (HO), d'acide carbonique (CO^2) et d'ammoniaque (AzH^3). L'acide carbonique est en outre une source de carbone ; quant à l'azote, il provient de l'ammoniaque et des azotates. Ainsi les aliments que le végétal doit puiser dans la terre ou dans l'air sont l'*eau*, l'*acide carbonique* à l'état libre ou combiné, les *sels ammoniacaux* et les *azotates*, et de plus des phosphates, des sulfates, des sels de potasse, de chaux et de fer, ainsi que de la silice.

57. Engrais. — On comprend dès lors toute l'influence des engrais. Sans entrer dans des détails qui font essentiellement partie du cours d'agriculture, on peut dire que les engrais sont en général des excréments d'animaux, c'est-à-dire des produits de la combustion vitale : l'urine et les fèces en sont la base. L'urée, par sa fermentation à l'air, donne naissance à du carbonate d'ammoniaque ; les éléments biliaires contenus dans les fèces se transforment aussi en carbonate d'ammoniaque et en eau. Quant aux autres matières organiques qui se trouvent dans les engrais, elles se décomposent à l'air, éprouvent une combustion lente dont les produits extrêmes sont également l'eau, l'acide carbonique et l'ammo-

1. On a constaté qu'une plante que l'on prive de potasse n'augmente pas de poids, ce qui tient à ce que sans potassium les grains de chlorophylle ne peuvent produire d'amidon.

niaque. Le soufre et le phosphore existent aussi dans les engrais animaux ; ils s'oxydent, passent à l'état de phosphates et de sulfates solubles, qui sont absorbés par les racines. Celles-ci prennent en outre dans le sol les azotates, les phosphates et les sulfates qui y existent naturellement. Pour éviter l'épuisement de leurs terres, beaucoup de cultivateurs y répandent des phosphates de chaux naturels, de l'azotate de potasse ou de soude et des sulfates de potasse et de chaux.

58. Amendements. — C'est également aux éléments minéralogiques du sol que les végétaux empruntent les sels de potasse, de magnésie, de chaux, de fer, ainsi que la silice. Il importe beaucoup à l'agriculteur d'ajouter à sa terre celles de ces substances qui manqueraient ou qui seraient en trop faible quantité. On désigne sous le nom d'amendements ces sortes d'engrais minéraux. L'un des plus importants est la chaux. On peut améliorer beaucoup de terrains et surtout les terrains schisteux, argileux et sablonneux, en les chaulant, c'est-à-dire en y semant de la chaux, de la craie (carbonate de chaux), de la marne (mélange de craie et d'argile) ou du plâtre (sulfate de chaux). Non-seulement le chaulage a pour but de fournir au sol l'élément calcaire qui lui manque, mais encore il divise les terres argileuses trop tenaces et les rend perméables. Le rôle important de la chaux dans la nutrition des plantes paraît tenir à ce que l'acide phosphorique et l'acide sulfurique doivent y pénétrer à l'état de phosphate et de sulfate de chaux, et aussi à ce que cette base neutralise l'acide oxalique produit par la plante.

59. Absorption par les racines. — Les végétaux ne peuvent absorber que les liquides ou les substances rendues liquides par leur dissolution dans l'eau. L'eau pénètre et gonfle tous leurs tissus ; dès que ceux-ci se dessèchent leurs fonctions cessent ; de là l'utilité en agriculture d'une bonne irrigation.

Les racines qui absorbent l'eau et les matières dissoutes sont-elles douées du pouvoir de choisir les substances qui doivent être utiles au végétal et de fermer leurs pores aux matières nuisibles, ou sont-elles des agents aveugles qui laissent passer par endosmose aussi bien le poison que l'aliment? Cette question, fort intéressante au point de vue de la culture et de la physiologie végétale, a soulevé bien des discussions et donné lieu à de nombreux travaux. Une circonstance favorable à la seconde hypothèse, c'est la facilité avec laquelle on peut empoisonner une plante et y produire des accidents analogues à ceux qui ont lieu chez les animaux. Une plante, arrosée d'une dissolution faible d'opium, tombe dans une somnolence de tous les phénomènes vitaux; elle meurt si la quantité du narcotique est considérable. En admettant que les racines absorbent indifféremment toutes les substances dissoutes qui les baignent, il faudrait ajouter que celles-ci n'y pénètrent pas toutes en même quantité. On avait reconnu depuis longtemps que les dissolutions épaisses et visqueuses sont plus difficilement absorbées que les dissolutions salines. Ainsi il résulte des expériences de Théodore de Saussure que la Persicaire, placée dans trois dissolutions contenant une même quantité de sel de cuisine, de sucre ou de gomme, absorbe 13 °/₀ de sel, 29 °/₀ de sucre et 9 °/₀ de gomme. Il y a quelques années, M. Graham a montré que c'était une propriété générale des membranes de se laisser traverser plus facilement par les corps cristallisables (*cristalloïdes*) que par ceux qui ne jouissent pas de cette dernière propriété (*colloïdes*). La manière dont ces diverses substances sont absorbées par les racines peut aussi dépendre de leur plus ou moins grande affinité pour l'eau et de leur plus ou moins grande adhérence au sol agissant comme corps poreux.

Mais il est d'autres faits qu'on ne peut attribuer qu'à une sorte d'élection de la part des racines. Ainsi, dans les expériences de Saussure, tandis que la Persicaire absorbe dans un cas 13 °/₀ de sel de cuisine et dans un autre 10 °/₀, le *Bidens cannabina*, placé dans les mêmes circonstances, absorbe 15 °/₀ dans le premier cas et 16 °/₀ dans le second; par contre la Persicaire prend 14,5 °/₀ de sulfate de soude dans une dissolution où le *Bidens* ne prend que 10 °/₀. Il est impossible d'attribuer ces faits à un choix intelligent, mais on peut y voir le résultat de différences dans le tissu des racines et dans les liquides qui y sont normalement contenus.

60. Assolement. — C'est sur cette différence d'absorption des mêmes éléments par des végétaux d'espèces différentes que reposent les procédés d'assolement. Il est à la connaissance de tous que l'on épuise rapidement une terre en lui faisant produire plusieurs années de suite la même récolte, des céréales par exemple. Nos pères, tous les trois ans, laissaient reposer le sol, qui formait alors ce que l'on appelait une *jachère*; mais de nos jours, où on ne produit pas assez de nourriture pour la population, les jachères ont été attaquées avec raison, et on les a remplacées par des engrais et par un mode rationnel d'assolement, c'est-à-dire qu'on fait se succéder dans le même champ des cultures différentes. Une première récolte ayant épuisé la terre de l'élément A, on la fera suivre d'une seconde qui exige particulièrement l'élément B, et quelquefois d'une troisième à qui l'élément C sera surtout nécessaire.

61. Excrétions des racines. — Quelques botanistes ont accordé aux racines la propriété de sécréter des humeurs particulières qui, en s'accumulant dans le sol, pouvaient influer sur sa culture, tantôt en favorisant le développement de certaines parties, tantôt au contraire en s'y opposant. Ce serait la cause des sympathies et des antipathies que les cultivateurs ont cru remarquer entre les végétaux. Ainsi le Blé vient très-bien après une récolte de Luzerne, tandis que l'Ivraie nuit au Blé, le Chardon à l'Avoine, la Scabieuse au Lin, la Sargoute au Sarrasin. On admet plus volontiers maintenant que ces plantes se nuisent en s'étouffant et en puisant dans la même couche du sol les mêmes éléments nutritifs.

C'est aux excrétions radiculaires que l'on a attribué la nécessité des assolements, les matières excrétées par les racines d'une espèce lui étant nuisibles, tandis qu'elles servent d'engrais utile à une autre espèce; mais on n'a jamais pu voir ces excrétions radiculaires, et des expériences récentes faites avec la plus grande précision n'ont indiqué aucun fait qui décelât leur existence. Si on trouve souvent autour des extrémités des racines une matière visqueuse, elle provient de la désagrégation des couches extérieures de leur tissu. Quant à l'utilité des assolements, on l'a expliquée plus haut.

Néanmoins les racines, comme les autres parties des végétaux, dégagent de l'acide carbonique qui se dissout dans l'eau environnante. Chaque poil radiculaire est entouré d'une zone d'eau acidulée qui facilite singulièrement l'absorption des substances minérales. On peut mettre ce fait en évidence en faisant germer une graine dans une mince couche de sable étendue sur une plaque de marbre. La racine arrive bientôt à la surface du marbre, s'y étale et y sculpte son image en creux.

62. Séve. — Les liquides absorbés par les racines montent dans la tige et dans les feuilles sous le nom de *séve*. La voie qu'ils suivent a été depuis longtemps déterminée par Coulon. Ce physicien faisait abattre une allée de peupliers. Sur un pied d'arbre nouvellement scié, il vit des bulles de liquide et d'air s'échapper du bois avec un certain bruissement. Il fit alors de nouvelles expériences : en perçant avec une tarière les arbres qui restaient à abattre, il constata que les couches de bois étaient d'autant plus humides que l'on s'approchait plus du centre. Il en conclut que la séve montait par le bois et surtout par les parties centrales. Ces opinions ont été confirmées par les observateurs subséquents. On a reconnu que ce sont presque exclusivement les vaisseaux qui servent à conduire le courant. Cependant, quand le bois est fortement lignifié, comme cela arrive pour le cœur de bois de certaines essences, la progression de la séve y est beaucoup plus lente. On a objecté qu'il y avait des arbres creux, comme les vieux saules, auxquels il ne restait plus que l'écorce ; mais on a constaté que dans ces arbres, quelque cariés qu'ils fussent, il restait toujours contre l'écorce quelque couche de bois par où pouvait se faire l'ascension de la séve.

La force d'ascension de la séve a été déterminée par le physicien Halles. Il plongea la racine d'un poirier, après en avoir coupé l'extrémité, dans un tube rempli d'eau et reposant sur le mercure. Par suite de l'absorption de l'eau par la racine, le mercure monta de huit pouces ($0^m,21$) en six heures. Dans une autre expérience, il fixa sur la section d'un cep de vigne l'extrémité inférieure d'un tube qui se repliait ensuite en forme de manomètre, et dont la partie courbe était remplie de mercure. L'afflux de la séve fit monter celui-ci dans la grande branche à une hauteur de trente-deux pouces ($0^m,83$).

Du reste, la force d'ascension de la séve est variable avec les époques; elle est beaucoup plus forte au printemps qu'à tout autre moment, et quelquefois au mois d'août elle reprend avec une nouvelle énergie.

Les causes qui font monter la séve sont les unes physiques, les autres physiologiques. Les causes physiques sont : 1° l'endosmose, cette sorte de succion exercée par un liquide plus dense sur un liquide moins dense à travers la membrane organique qui les sépare; 2° la capillarité, autre force qui fait monter l'eau dans un tube de petit diamètre, trempant par une de ses extrémités dans le liquide, et qui doit s'exercer à un haut degré dans les tuyaux si fins qui constituent les fibres et les vaisseaux des plantes. Quant aux causes physiologiques, elles ne sont peut-être pas toutes connues; mais la transpiration des feuilles et de l'extrémité des rameaux produit un vide qui doit exercer une succion considérable sur la séve.

Arrivée dans les parties aériennes du végétal et surtout dans les feuilles, la séve éprouve des changements dont la nature ne nous est pas connue, mais qui se manifestent au dehors par la *transpiration* et la *respiration*.

63. Transpiration. — La *transpiration* est la sortie dans l'atmosphère d'une partie de l'eau que renferme la plante; elle est considérable. Halles reconnut qu'un pied moyen de Soleil perd en douze heures de jour 624 grammes par un temps sec et chaud; la transpiration est beaucoup moins forte lorsque le temps est humide et froid.

Lorsque la transpiration est plus active que l'absorption des racines, la plante se fane; c'est ce qui a souvent lieu en été par les grandes chaleurs. Qu'il vienne un peu de pluie, avant même que la terre soit mouillée, avant que les racines aient pu absorber une nouvelle séve, la tête des fleurs se relève, la vie y renaît. Ce fait avait porté à croire que si les parties aériennes des végétaux sont le siége d'une déperdition d'eau considérable, elles peuvent aussi en absorber lorsqu'elles sont mouillées. Mais les botanistes ne sont pas d'accord sur ce point.

64. Respiration. — La respiration est pour les végétaux, comme pour les animaux, un échange de gaz entre l'être organisé et l'atmosphère. Tandis que chez les animaux cet échange est toujours de même nature, il varie chez les végétaux avec les circonstances. Le jour, sous l'influence de la lumière solaire, les plantes absorbent de l'acide carbonique et rejettent de l'oxygène; dans la nuit, c'est le contraire qui a lieu, elles absorbent de l'oxygène et rejettent de l'acide carbonique.

65. Respiration diurne. — Occupons-nous pour le moment de la respiration diurne seule, d'autant plus que le résultat définitif de la respiration végétale est une absorption de l'acide carbonique et un dégagement d'oxygène. Les végétaux absorbent de l'acide carbonique. Les expériences de Th. de Saussure l'ont démontré. Il plaça sept pieds de Pervenche sous une cloche contenant 290 centimètres cubes d'air additionné de 75 millièmes d'acide carbonique. Au bout de sept jours, tout l'acide carbonique de la cloche avait disparu et était remplacé par de l'oxygène. Dans de l'air ne contenant que la proportion normale d'acide carbonique, le résultat est le même. Ainsi les feuilles, comme les racines, absorbent de l'acide carbonique.

Ce gaz, qu'il provienne de l'atmosphère ou de la terre, est décomposé. Le végétal s'assimile le carbone et rejette l'oxygène. La décomposition de l'acide carbonique et la fixation du carbone s'opèrent sous l'influence de la lumière et de la chlorophylle; elle n'a lieu que dans les organes colorés en vert et seulement pendant le jour. Elle est très-active sous l'influence directe des rayons solaires, diminue rapidement avec l'intensité lumineuse et cesse complétement dans l'obscurité.

Si une plante reste longtemps dans l'obscurité, la chlorophylle disparaît; la plante pâlit; elle *s'étiole*. La décoloration est accompagnée d'une transformation dans les sucs propres; ils sont plus abondants par suite de l'amoindrissement de la transpiration ; mais leurs principes aromatiques diminuent beaucoup ; la plante devient plus succulente, plus tendre et moins amère. C'est le but que cherchent à atteindre les jardiniers lorsqu'ils lient les salades pour préserver les parties centrales des rayons lumineux, ou lorsqu'ils les cultivent dans des caves.

Non-seulement l'absorption de l'acide carbonique est une nécessité pour la plante en général, mais c'est aussi un besoin pour chaque feuille en particulier. Il résulte des expériences de M. Corenwinder que de jeunes feuilles placées dans une atmosphère privée d'acide carbonique cessent de se développer et bientôt même subissent une altération profonde.

Le résultat de la respiration diurne est donc de désoxyder l'acide carbonique et de faire entrer le carbone devenu libre dans un composé ternaire ou quaternaire dont font partie les éléments de l'eau et de l'ammoniaque, de transformer par conséquent des produits de combustion en corps combustibles, en un mot de faire de la matière organique.

66. Sève nutritive. — La sève, par l'effet de la transpiration et de la respiration, est devenue un liquide épais, propre à nourrir le végétal. A cet état, elle porte le nom de *cambium*; elle se distribue dans toute la plante et redescend même jusqu'aux racines ; aussi la nomme-t-on souvent *sève descendante,* bien que dans beaucoup de cas elle puisse monter. Au lieu de passer par le bois, comme le fait la sève ascendante, elle suit le parenchyme et les faisceaux fibro-vasculaires de l'écorce. Plusieurs expériences le démontrent. Si autour d'une tige, on fait une ligature très-serrée et si on enlève une plaque annulaire d'écorce, le liquide nourricier ne peut plus suivre son cours jusqu'aux racines ; il se forme au-dessus de la ligature ou de la décortication un bourrelet où affluent les sucs nourriciers et où tendent à se produire des bourgeons et des racines adventives. Ce fait explique une habitude des jardiniers. Quand ils ont à faire une bouture d'un végétal qui prend difficilement, avant de couper le rameau qu'ils doivent bouturer, ils y font une ligature ou une décortication annulaire afin d'amener la formation d'un bourrelet qui, mis en terre, sera le point de départ des racines adventives.

67. Accroissement. — Il a déjà été question de l'accroissement des diverses parties du végétal. On a vu que les racines croissent en longueur seulement à l'extrémité (§ 14). Les tiges gagnent en longueur par le développement des bourgeons et leur transformation en branches (§ 18). Celles-ci s'allongent sur toute leur étendue tant qu'elles sont gorgées de sucs, mais l'accroissement est d'autant plus actif qu'elles sont plus jeunes, et par conséquent beaucoup plus grand à l'extrémité qu'à la base. Quand une fois les tissus se sont lignifiés, ils cessent de s'allonger.

L'accroissement en diamètre de la racine et de la tige des végétaux dicotylédonés a lieu par la formation de nouveaux tissus entre l'écorce et le bois, dans la zone génératrice.

68. Greffe. — C'est dans l'afflux des sucs nourriciers dans la zone génératrice qu'il faut chercher l'explication de la *greffe*. Cette opération consiste à nourrir un jeune rameau ou un bourgeon avec le suc nourricier d'une plante autre que celle qui lui a donné naissance.

Il y a trois espèces de greffes :

1° *Greffe par écusson* (*fig.* 248) : on introduit sous l'écorce du

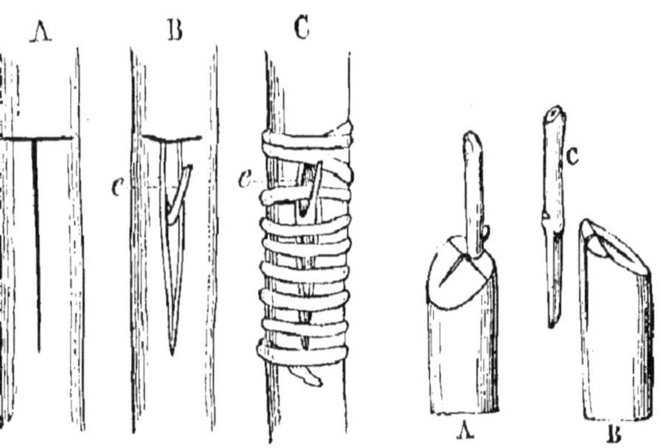

Fig. 248. — Greffe par écusson. Fig. 249. — Greffe par scion.

sujet, ou plante nourrice, le bourgeon que l'on veut greffer. Parmi les procédés en usage, le plus fréquemment employé est le suivant : on détache le bourgeon (*e*) en laissant autour un peu d'écorce, puis on pratique sur le sujet deux incisions qui pénètrent jusqu'à la zone génératrice, l'une transversale, l'autre longitudinale et partant du milieu de la première (A); écartant avec précaution les deux lèvres de la fente longitudinale, on applique l'écusson sur le bois, on ramène au dessus l'écorce (B) en la liant (C) pour l'empêcher de s'ouvrir et faciliter la reprise de la greffe.

2° *Greffe par scion* (*fig.* 249) : on coupe la tige du sujet, puis on y pratique une légère fente longitudinale (B) dans laquelle on introduit le rameau à greffer, après l'avoir précédemment coupé en sifflet (C), et on s'arrange de manière que les couches génératrices de la greffe et du sujet coïncident entre elles exactement (A), pour que les sucs nourriciers puissent pénétrer de l'une dans l'autre. On enveloppe ensuite le tout de bouse de vache ou de poix, pour préserver les tissus du contact de l'air.

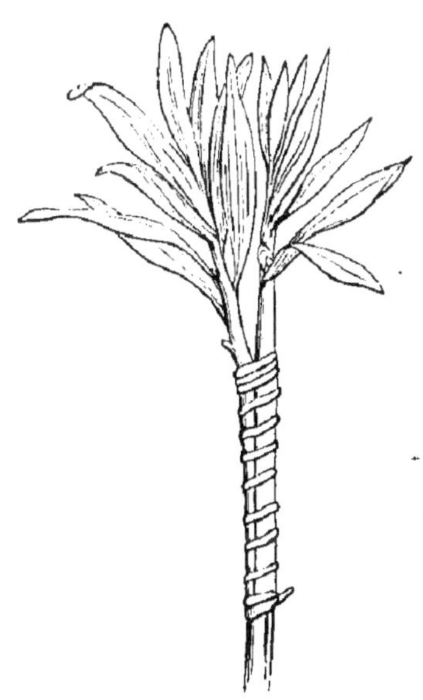

Fig. 250. — Greffe par approche.

3° *Greffe par approche* (*fig.* 250) : on écorce deux rameaux voisins et on réunit les deux plaies par une ligature, la sève passe d'un des rameaux dans l'autre, et peu à peu ils se soudent entre eux. Cette greffe se produit fréquemment dans la nature d'une manière spontanée.

69. Réserves de matière nutritive. — Chez beaucoup de végétaux, il se forme dans certains organes une accumulation de matière nutritive destinée à servir à un moment donné. Prenons comme exemple le Radis. A peine semée, la graine de Radis produit quelques feuilles, puis la croissance paraît s'arrêter. Après être resté quelque temps à l'état stationnaire, il pousse rapidement une tige, des fleurs et des graines. Voilà ce qui s'est passé. Le végétal n'aurait pu suffire à cette évolution rapide d'organes fructifères en puisant uniquement sa nourriture dans le sol. Pendant le temps où il nous paraissait stationnaire, il fabriquait de la matière nutritive et la mettait en magasin dans sa racine, qui prenait un développement considérable. Lorsque le moment arrive, il puise dans ce magasin de quoi compléter l'alimentation de nouveaux organes. Aussi, dès que la tige pousse, la racine se creuse et n'est plus bonne à manger. Ces réserves peuvent se faire dans toutes les parties de la plante. Elles sont pour nous d'un grand intérêt, car c'est là que nous puisons nos principaux aliments végétaux. Les racines des Radis, des Navets, des Betteraves, des Carottes, les tubercules des Topinambours et des Pommes de terre, les bulbes de l'Oignon, les feuilles du Chou, les pédoncules floraux des Choux-fleurs sont autant de magasins que les plantes ont préparés pour elles et que nous utilisons pour notre propre nourriture. On pourrait y ajouter les fruits et les graines; mais il en sera question plus tard.

70. Matières nutritives fabriquées par les végétaux. — Les matières nutritives mises en réserve sont de nature variable, les principales sont : l'amidon ou fécule, l'inuline, l'aleurone, le gluten, la légumine, les sucres et les matières pectiques.

L'*amidon*[1] a la même composition chimique que la cellulose, $C^{12} H^{10} O^{10}$. On le trouve en grains dans le tissu cellulaire d'un grand nombre de parties végétales. Dans les graines des céréales (Blé, Seigle, Avoine, Riz, etc.), et des légumineuses (Pois, Haricots, Fèves, etc.), dans le fruit du Bananier, dans la tige du Sagoutier, dans les rhizomes de l'Igname, et du Manioc, dans les tubercules de la Pomme de terre. Les grains d'amidon ont une grosseur maximum d'un cinquième de millimètre; leur forme est variable suivant les espèces dont ils proviennent, ce qui permet de reconnaître au microscope les

1. L'amidon ou fécule est une seule et même substance qui porte le nom d'amidon lorsqu'elle provient de graines, et de fécule lorsqu'elle est extraite des tiges souterraines.

fraudes qui seraient faites en ajoutant à la farine du blé d'autres farines d'un prix moins élevé.

L'*inuline* (*fig.* 251) est une substance voisine du sucre, légèrement soluble dans l'eau froide, cristallisant en petites masses sphériques à structure radiée ; on la trouve dans les racines du Soleil et de l'Aulnée, dans les tubercules radicaux du Topinambour et du Dahlia.

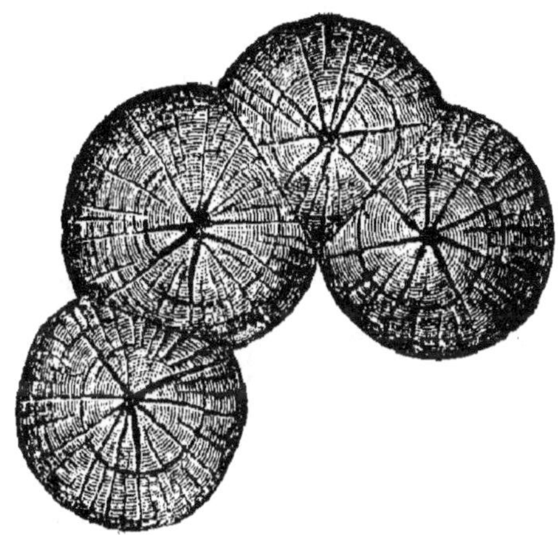

Fig. 251. — Inuline (gr. 500 fois).

L'*aleurone* est une matière azotée très-répandue dans le règne végétal et également disposée en grains dans les cellules. Elle accompagne partout l'amidon et entre comme élément prépondérant dans la composition des fruits oléagineux, noix, amandes, etc. Le diamètre des grains d'aleurone varie de $0^{mm},004$ à $0^{mm},001$. Son rôle, encore peu connu, doit être le même que celui de l'amidon.

Le *gluten* et la *légumine* sont aussi des matières azotées qui accompagnent l'amidon, la première chez les céréales, la seconde chez les légumineuses.

Les *sucres* se trouvent en dissolution dans les cellules d'une foule de tissus ; dans les racines de la Betterave et de la Carotte, dans les tiges de la Canne à sucre, dans les fruits, etc.

Les *matières pectiques*, base des gelées végétales, se rencontrent également dans les fruits, dans les racines du Navet, etc.

71. Latex. — On doit aussi considérer comme matière alimentaire élaborée, ou en cours d'élaboration, le *latex* ou *suc propre*, liquide contenu dans les vaisseaux de l'écorce. Il suffit de casser une tige de Pissenlit, de Pavot, de Laitue pour en voir sortir un liquide blanc analogue à du lait; c'est le latex. Il est jaune dans la Chélidoine ou grande Éclaire, orange dans l'Artichaut, etc. L'homme utilise le suc propre d'un grand nombre de végétaux. Le latex du *Galactodendron utile* de l'Amérique méridionale rappelle par ses qualités alimentaires et sa saveur, le lait de vache. La manne, le caoutchouc, la gutta-percha, l'opium, la gomme-gutte, les gommes, les résines sont des sucs propres, concrétés à l'air. Les uns exsudent naturellement de la tige, les autres s'obtiennent à l'aide de décortications longitudinales.

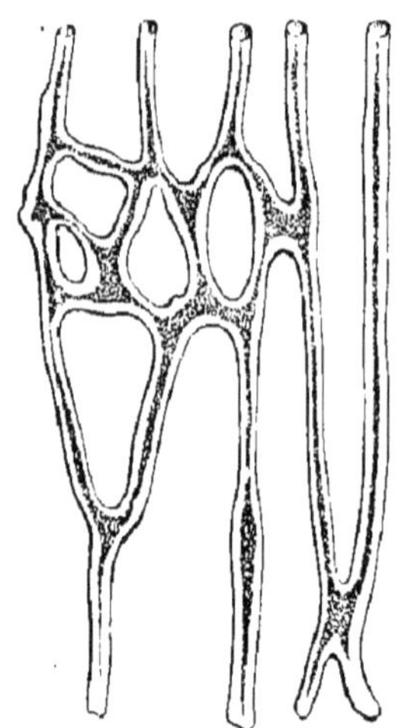

Fig. 252. — Vaisseaux laticifères.

Le latex est contenu dans des vaisseaux particuliers dits *vaisseaux laticifères* (*fig.* 252). Ce sont des tubes simples ou rameux à parois simples, presque toujours situés dans l'écorce, soit au milieu du liber, soit à sa partie extérieure, soit à sa surface interne. Cependant on en trouve dans la moelle et quelquefois aussi, quoique très-rarement, dans le bois.

72. Mouvement des matières nutritives. — La feuille est essentiellement le laboratoire où la matière nutritive se constitue par l'action de la chlorophylle. Elle s'y produit sous forme d'amidon et doit ensuite cheminer à travers les tissus, soit pour servir à l'accroissement direct du végétal, soit pour s'accumuler dans les réservoirs nutritifs. Mais il est bien évident que le grain d'amidon étant insoluble, la matière nutritive ne peut pas voyager à cet état. Elle subit des transformations variables. Tantôt les grains d'amidon semblent gagner de proche en proche : on voit ceux qui sont dans une cellule s'y dissoudre ; le produit de leur dissolution filtre à travers les parois dans les cellules voisines, où il donne naissance immédiatement à de nouveaux grains d'amidon. Ceux-ci se dissolvent à leur tour pour aller se reformer plus loin. La matière organique chemine ainsi lentement.

Dans beaucoup de circonstances, la progression se fait d'une manière plus rapide. Dans la Pomme de terre, l'amidon formé dans les feuilles se transforme en une substance sucrée, soluble, qui se rend dans les tubercules et y régénère des grains d'amidon. Dans la Betterave, l'amidon des feuilles devient du glucose, et arrivé dans la racine, y produit du sucre de canne. Certains cultivateurs ont l'habitude funeste d'arracher les feuilles de Betteraves avant que la racine ne soit mûre. On a constaté que, par cette pratique, ils diminuent la source de la matière nutritive, et par conséquent, la quantité de sucre de la racine.

Les réservoirs nutritifs dont il vient d'être question ont pour but de fournir, à un moment donné, à la plante les substances nécessaires à son évolution. La substance organique doit donc subir un nouveau parcours, et elle le fait dans les conditions du premier. Ainsi, lorsqu'une Pomme de terre émet des pousses, l'amidon qu'elle renferme se transforme en une matière sucrée soluble qui pénètre dans les nouveaux tissus et sert à leur développement.

La progression de la matière nutritive s'opère principalement par le parenchyme. Cependant les tubes criblés de l'écorce et les vaisseaux laticifères lui prêtent une voie plus rapide, où le mouvement est encore accéléré par les flexions et les torsions que le vent imprime aux plantes.

2° *Fonctions vitales des végétaux considérés comme consommateurs.*

73. Mouvement. — Les végétaux sont des êtres dépourvus de mouvements volontaires, mais il se produit chez eux des mouvements spontanés dont la cause est encore inconnue. Il a déjà été question de ceux qu'exécutent certaines feuilles. En étudiant la fleur, on en verra d'autres exemples. Les liquides qui remplissent les tissus sont en mouvement; on doit même admettre que le contenu de chaque cellule est constamment en rotation.

74. Chaleur. — Dans certaines circonstances on a pu constater, en outre, que les végétaux développent de la chaleur. Au moment de l'épanouissement, la fleur du Gouet (*Arum maculatum*) (*fig.* 253), si commune au pied de nos haies, a une température de neuf degrés supérieure à la température ambiante ; chez une autre espèce d'*Arum* de Madagascar, l'élévation de température atteint vingt-cinq degrés. Dans la *Victoria regia*, cette magnifique plante, qui est à nos Nénuphars ce que l'immense fleuve des Amazones est à nos faibles ruisseaux d'Europe, la température propre de la fleur est de six degrés supérieure à la température de l'air.

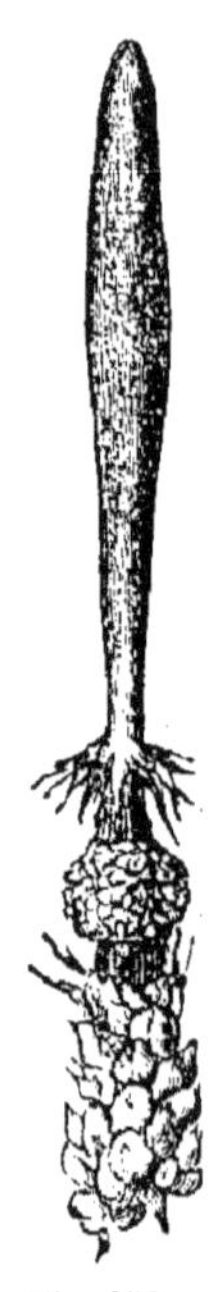

Fig. 253.
Fleur du gouet.

75. Combustion. — L'idée que les physiciens se font maintenant de la chaleur ne permet pas de voir dans ces phénomènes de la vie végétale autre chose que le résultat d'une combustion analogue à la combustion animale. Comme chez les animaux, le combustible est la matière organique, le comburant est l'oxygène de l'air ; comme chez les animaux, l'acide carbonique, l'eau et l'azote, résultats derniers de cette combustion, sont jetés dans l'air. Mais ces fonctions sont en sens inverse de celles que remplit le végétal en qualité de producteur de matière organique, et comme celles-ci sont prépondérantes, les autres ne peuvent que diminuer légèrement leurs effets. Si, par un moyen quelconque, on pouvait suspendre les fonctions productrices, les fonctions consommatrices se manifesteraient non point par l'apport de combustible, puisque celui-ci, objet de la fabrication, est tout porté dans le foyer même de la combustion, mais bien par l'absorption du comburant (oxygène de l'air), et le rejet des produits de la combustion (acide carbonique, etc.).

76. Respiration nocturne. — Cette expérience, la nature la fait toutes les nuits. La plante suspend alors sa fabrication de matière nutritive ; elle n'est plus qu'un consommateur comme l'animal ; elle puise dans l'air l'oxygène et y verse de l'acide carbonique ; c'est encore la feuille qui est l'organe essentiel de cette respiration, dite *respiration nocturne*, ou aussi *respiration générale*. Ce dernier nom demande une explication. La respiration diurne, c'est-à-dire la décomposition de l'acide carbonique avec fixation du carbure et rejet de l'oxygène ne se produit que sous l'influence combinée de la lumière et de la chlorophylle. Là où il n'y a pas de matière verte, il n'y a pas de formation de matière organique ; on consomme et on ne produit pas. Les fleurs, les racines, les tiges ligneuses, en un mot, toutes les parties non colorées en vert respirent pendant le jour comme pendant la nuit : elles absorbent de l'oxygène et dégagent de l'acide carbonique. Au moment de la germination d'une graine ou de la croissance d'un bourgeon, les fonctions comburantes prennent plus d'énergie. Les jeunes pousses respirent comme les parties non colorées en vert et continuent longtemps encore à le faire à l'ombre, quoique sous l'action plus directe du soleil, elles agissent comme les parties adultes. On peut donc dire que la production d'acide carbonique est le phénomène général de la respiration pour toutes les parties végétales sans exceptions. La production d'oxygène, au contraire, est un fait spécial propre aux cellules chlorophylliennes.

Le dégagement d'acide carbonique, ne peut se faire sans qu'il y ait perte de substance. En temps normal, cette perte de substance est amplement compensée par l'accroissement en poids qui se produit par suite de la formation de nouveaux grains d'amidon sous l'influence de la chlorophylle. Mais quand celle-ci n'est pas encore formée et que la respiration générale est très-active, la perte de la matière peut devenir très-appréciable. Certaines graines, en germant dans l'obscurité, perdent jusqu'à la moitié de leur poids de substance sèche.

77. Plantes carnivores. — On doit rapprocher des fonctions consommatrices les faits suivants sur lesquels Darwin vient d'appeler l'attention des naturalistes. Bien qu'ils ne soient pas encore admis par tous les botanistes, ils méritent cependant une sérieuse attention.

La *Dionée* ou *Attrape-mouche* est une plante d'Amérique dont les feuilles sont terminées par deux lobes bordés de longs cils roides et couverts de glandes rosées (*fig.* 254). Ces feuilles étendues sur le sol ressemblent à certains piéges à rats. Un insecte, carabe, chrysomèle, araignée, fourmi, vient-il à passer dessus, les lobes se rapprochent, les cils se croisent et enferment l'animal dans une prison où il se débat en vain ; les glandes entrent en fonction ; une humeur

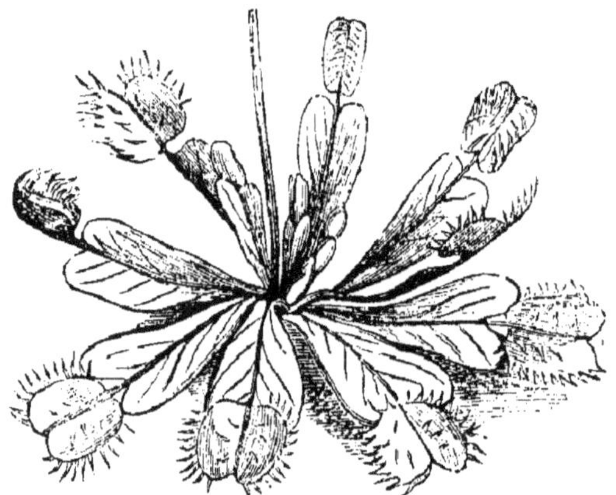

Fig. 254. — Feuilles de dionée.

gluante acide imprègne le pauvre insecte. Au bout de quelques heures, celui-ci cesse de s'agiter ; ce n'est plus qu'un cadavre. Quelques jours plus tard le piége de la Dionée se rouvre ; l'animal a disparu, il a été digéré et absorbé par la plante.

Un morceau de viande crue, placé dans le piége de la Dionée, est transformé en pulpe et disparaît comme l'insecte. Qu'on y place, au contraire, un morceau de paille, ou une pierre, ou même une mouche sèche, le piége se refermera pour se rouvrir presque aussitôt.

Cette digestion, car on ne peut donner que ce nom à un tel phénomène, est une fatigue pour la plante. Quand une feuille de Dionée a accompli deux digestions, elle est hors d'état d'en commencer une troisième. Elle peut même mourir d'indigestion. On donna à quelques feuilles autant de viande qu'elles voulurent en prendre, le lendemain elles s'en étaient gorgées. Au bout de quelques jours, elles tombèrent malades et périrent victimes de leur gloutonnerie, tandis que des feuilles voisines à qui on avait enlevé une partie de ce qu'elles avaient englobé purent accomplir leur digestion d'une manière régulière. Certaines substances, telles que le fromage, sont des poisons pour la Dionée. Le docteur Balfour, qui fit de nombreuses expériences sur ces végétaux, rapporte le fait suivant : Il administra une certaine dose de Chester à une Dionée; le lendemain la feuille semblait vouloir rejeter cette nourriture. Cependant la digestion se fit; mais dix jours après la feuille devint jaune, puis noire, et mourut.

78. — D'autres plantes que la Dionée jouissent de propriétés digestives analogues. Les *Sarracenia* ont leurs feuilles terminées par un cornet vertical; celles des *Népenthes* se prolongent en un filet qui porte à son extrémité une urne couverte de son opercule. Les bords du cornet et de l'urne sont tapissés d'une humeur sucrée. Les insectes attirés par cet appât, glissent sur le bord de l'urne, sans pouvoir se retenir, et tombent dans un liquide corrosif qui remplit le fond de l'appareil. L'opercule des *Népenthes*, en se refermant, emprisonne, comme dans un trébuchet, les proies qui voudraient s'envoler. On dit que des oiseaux-mouches peuvent être pris et digérés dans des urnes de *Népenthes* (*fig.* 255).

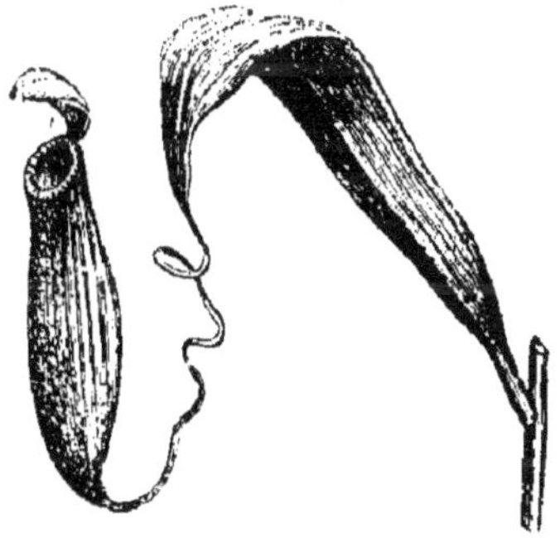

Fig. 255. — Feuille de Népenthes.

79. — La seule plante carnivore de nos climats est la *Drosera*, dont les feuilles sont bordées de petites glandes en forme de tentacules mobiles qui se recourbent sur l'insecte, le maintiennent prisonnier, l'enduisent d'humeur et le digèrent. Les Drosera ne peuvent s'attaquer qu'à de faibles insectes, pucerons ou diptères de petite taille, mais en revanche ses digestions sont beaucoup plus rapides que celles de la Dionée.

Ces divers pièges ont reçu des botanistes le nom d'*ascidies*.

CHAPITRE V

DURÉE DE LA VIE DES PLANTES

80. — Les végétaux, sous le rapport de la durée de la vie, peuvent se diviser en trois catégories ; ils sont *annuels*, *bisannuels* ou *vivaces*.

81. Plantes annuelles. — Les plantes annuelles ne durent jamais plus d'une saison ; elles ne fleurissent qu'une fois et meurent après avoir donné des graines. Souvent elles ne vivent que quelques mois ; une vingtaine de jours suffisent à certaines plantes pour germer, fleurir et fructifier.

82. Plantes bisannuelles. — Les plantes bisannuelles ne fleurissent également qu'une fois ; mais, de plus, elles présentent dans leur développement un moment d'arrêt pendant lequel il se fait dans quelque orgâne un réservoir de matière nutritive qui doit servir, concurremment avec les racines, à nourrir la plante pendant la seconde période de sa vie. Ainsi la Carotte ne produit la première année qu'une rosette de feuilles ; en même temps, la racine se remplit de sucs, elle engraisse. La seconde année, la tige pousse, se couvre de feuilles, de fleurs et de fruits ; en même temps, la racine se vide, elle maigrit. On doit rattacher aux plantes bisannuelles le Radis, qui ne vit que quelques mois, mais dont la croissance, présente aussi deux périodes (§ 69), et l'Agavé, qui dure de quinze à vingt ans, mais ne fleurit aussi qu'une fois. L'Agavé, plante originaire d'Amérique et maintenant cultivée en Sicile, en Espagne et jusqu'en Suisse, ne présente, pendant dix ans, qu'une touffe de feuilles charnues longues et épineuses. Pendant dix ans les feuilles s'engraissent, puis un jour le bourgeon, qui est au centre, s'allonge, devient une tige qui croît de cinq à six mètres en quelques jours, et porte les fleurs et les fruits ; ceux-ci une fois mûrs, la plante meurt. Il faut quelques années aux Bambous des forêts du Brésil pour produire des tiges qui peuvent atteindre une vingtaine de mètres. Après avoir donné des fleurs et des fruits, ils se dessèchent et meurent. Voici ce qu'écrit Aug. de Saint-Hilaire : « La première fois que » j'entrai dans une forêt entièrement formée de l'espèce de » graminée appelée vulgairement Toboca, j'éprouvai un vé- » ritable ravissement en voyant ces tiges d'un aspect presque » aérien, qui, hautes de quarante à cinquante pieds, se cour- » baient en arcades élégantes, se croisaient en tous sens, en- » trelaçaient leurs immenses panicules et laissaient entrevoir » l'azur foncé du ciel à travers un feuillage étalé comme un » tapis à jour; alors la plante était en fleurs; je repassai » quelques mois plus tard, la forêt avait disparu : dans l'in- » tervalle, les fruits avaient succédé aux fleurs; ils avaient » mis un terme à la végétation de la plante; ses tiges s'étaient » desséchées, elles s'étaient brisées et il n'en restait plus que » des débris gisant sur le sol. »

83. Plantes vivaces. — Dans les plantes vivaces, une partie du végétal peut périr tous les ans. Chez les uns, il n'y a de vivace que la racine et la base de la tige. Ex. : Guimauve, Raifort. Chez d'autres, munis d'une tige souterraine, celle-ci persiste, mais les rameaux aériens meurent tous les ans. Ex. : Sceau de Salomon. Chez d'autres, la tige aérienne dure plusieurs années, mais l'extrémité des rameaux périt tous les hivers. Ex. : Sauge, Lavande.

84. Individualité des bourgeons. — On peut considérer la plante comme un être composé analogue au corail. L'être simple est le bourgeon qui n'est d'abord qu'une petite masse de tissu cellulaire, situé généralement à l'aisselle des feuilles et qui se développe ensuite en un rameau chargé de feuilles. Chaque bourgeon vit de sa vie propre et ne tient à l'ensemble que pour y puiser sa nourriture. La durée du bourgeon est généralement très-limitée. Tous les ans il meurt ou se lignifie, cesse de s'accroître et ne sert plus que de support aux nouveaux bourgeons et de passage aux sucs nourriciers.

85. Longévité des arbres. — La colonie ainsi formée peut avoir une durée presque illimitée ; elle ne doit guère sa destruction qu'à des causes accidentelles : une carie du bois, le poids des branches, un ouragan, la foudre, la grêle, etc. Il existe des arbres dont l'antiquité semble remonter au delà des temps historiques. L'If de Fortingall, en Ecosse, qui a une circonférence de seize mètres, doit être âgé d'environ trois mille ans. Un Baobab, du cap Vert, observé par Adanson, avait une circonférence de vingt-deux mètres, et si on juge d'après les arbres du même genre, il devait avoir plus de cinq mille ans. Golbery observa un autre arbre de la même espèce dont la circonférence avait trente-quatre mètres. Certains Sequoia de Californie, ont présenté jusqu'à six mille couches annuelles concentriques de bois.

86. Défoliation. — Les feuilles qui font partie du bourgeon partagent son sort; elles meurent tous les ans. L'automne est, dans nos climats, l'époque de la chute de presque toutes les feuilles. Avant de tomber, elles changent de couleur ; elles jaunissent et passent quelquefois par toutes les nuances du rouge et de l'orangé. Tous les ans, au moment de la chute des feuilles, il s'organise en Amérique des trains de plaisir pour aller admirer les teintes brillantes que revêtent alors les immenses forêts du nouveau monde.

Tantôt la défoliation a lieu à la même époque pour toutes les feuilles d'un même arbre, tantôt elle se fait progressivement, et les feuilles nouvelles poussent avant que les anciennes soient tombées, l'arbre reste toujours vert. Chez le Pin, le Sapin et les autres arbres voisins, non-seulement les feuilles ne tombent que successivement, mais elles durent plusieurs années et se rencontrent nécessairement avec les pousses de l'année suivante.

La chute des feuilles n'a pas uniquement pour cause le froid de nos hivers, car à Madère les Peupliers, les Érables, les Saules perdent leurs feuilles juste au moment où les Protéacées et les Laurinées sont en fleurs. Le froid de nos contrées accélère la chute des feuilles, de même qu'il retarde et contrarie l'évolution des bourgeons.

Le développement des bourgeons ne sert en général qu'à l'accroissement de la colonie. Cependant dans les tiges rampantes et souterraines, la partie postérieure de l'axe s'atrophie progressivement et les diverses branches, qui en sont nées, s'en trouvent successivement séparées (§ 24). La plante s'est ainsi multipliée par bourgeonnement et par fissiparité.

Quant aux tiges aériennes, elles ne peuvent pas se multiplier spontanément par bourgeons; mais l'homme peut intervenir, il place le bourgeon ou la jeune branche déjà développée soit dans la terre, de manière à faire naître des racines adventives (§ 10), soit sur la couche génératrice d'une autre plante (§ 68) pour lui permettre de se nourrir aux dépens de la séve qui y coule. Dans le premier cas il fait une bouture, dans le second une greffe. La greffe et la bouture ne sont que des modes de reproduction par bourgeons et par fissiparité artificielle.

87. Bulbilles. — Cependant on trouve chez quelques espèces de Lis et d'Ail des bourgeons qui se détachent spontanément de la plante, tombent à terre, y poussent des racines et servent ainsi, concurremment avec les graines, à la reproduction spontanée de l'espèce. On les nomme *bulbilles*, parce qu'étant formés d'écailles charnues, ils présentent une certaine ressemblance avec les bulbes.

88. — La greffe, la bouture et les bulbilles en se développant ne font que continuer le végétal avec toutes ses qualités et sous ce rapport constituent un mode de propagation très-utile. Nos arbres fruitiers, à l'état sauvage ne produisent que des fruits petits et peu savoureux; c'est seulement par une longue culture qu'on est parvenu à les améliorer. Or, les graines des arbres cultivés ne transmettent pas aux plantes qui en proviennent toutes les qualités acquises; elles ne produisent que des sauvageons. Si on plante un noyau de prune de reine-claude, par exemple, l'arbre qui en naît ne donne que de petites prunes bleues à chair ferme et à saveur astringente. Ce ne serait que par de nombreux soins et en agissant sur un sujet choisi que l'on pourrait obtenir de nouveau de bons fruits. Mais si on greffe sur un de ces sauvageons un scion de prunier reine-claude et qu'après la reprise de la greffe on détruise toutes les autres branches, on aura transformé le prunier sauvage en prunier de reine-claude. On pourrait dire, à la rigueur, que tous les pruniers de reine-claude du monde ne sont qu'un seul et même arbre, dont les branches vivent séparément sur des racines de pruniers sauvages.

LIVRE II

Fonctions de la vie spécifique.

Si chaque individu végétal est destiné à périr après une vie plus ou moins longue, son espèce persiste parce que, avant sa mort, il donne naissance à d'autres êtres semblables à lui. Il se reproduit et se multiplie. Cette fonction, dans les végétaux supérieurs, est confiée aux fleurs.

CHAPITRE PREMIER

FLEUR.

89. Rapports de la fleur aux bourgeons. — La fleur est elle-même un bourgeon dont les feuilles ont subi une métamorphose considérable. Pour que les bourgeons puissent ainsi se transformer en fleurs, il faut que le végétal ait déjà un certain âge. Les plantes dont les tiges aériennes sont vivaces, ne fleurissent guère qu'au bout de plusieurs années. On remarque que le nombre des fleurs est en raison inverse de celui des bourgeons à feuilles. Lorsque l'arbre est très-vigoureux, qu'on lui a donné trop d'engrais, il ne produit que peu ou point de fleurs.

90. Chaleur nécessaire pour la floraison. — Pour que la fleur pousse et s'épanouisse, il lui faut une quantité de chaleur plus ou moins grande selon les espèces. Pour une même espèce, on sait que la floraison et la fructification sont d'autant plus hâtives que le climat est plus chaud. Ainsi la moisson se fait plus tôt en Algérie qu'en Provence, plus tôt en Provence que dans le nord de la France. D'après Schluber, chaque degré de latitude amène une différence d'environ quatre jours dans le moment de la floraison. Dans nos climats, où le printemps est souvent froid et humide, où l'automne est précoce, il y a une foule de plantes qui, exposées à l'air, ne pourraient pas mûrir leurs fruits avant le retour de la mauvaise saison. Les jardiniers les cultivent en serre ou sous des cloches, profitant de la propriété que possède le verre d'emprisonner les rayons caloriques du soleil.

Fig. 256. — Bractée du tilleul.

91. Inflorescences. — Le bourgeon florifère produit, en se développant, une branche garnie de feuilles et de fleurs. Souvent les feuilles florales ont une forme et des dimensions différentes des autres feuilles du végétal; elles reçoivent le nom de *bractées*. On appelle *inflorescence* l'ensemble des bractées et des fleurs qui naissent à leur aisselle. Le *pédoncule* est la petite tige qui porte directement la fleur, ce que l'on appelle vulgairement la queue. Une fleur, dont le pédoncule est très-court ou nul, est dite *sessile*. Le pédoncule commun qui supporte les fleurs de tilleul est, sur une certaine partie de sa longueur, fixé à la bractée florale (*fig.* 256).

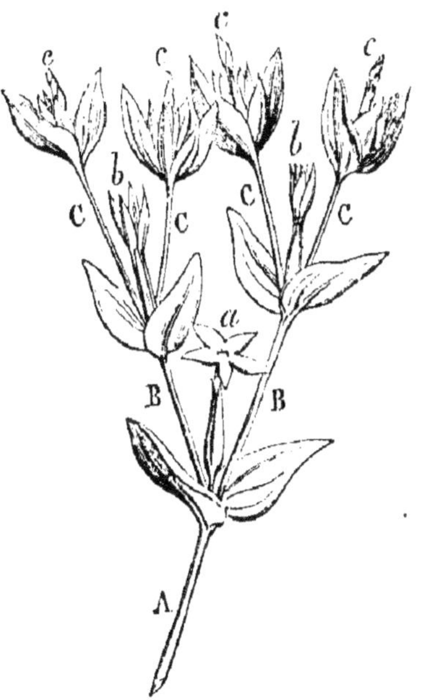

Fig. 257. — Inflorescence définie ou cyme.

L'inflorescence a une disposition variable avec les espèces; on en distingue deux grandes catégories, les inflorescences *indéfinies* et les inflorescences *définies* ou *cymes* (*fig.* 257).

Dans les inflorescences définies, l'axe principal du rameau

florifère A, se termine par une fleur *a*. Sous celle-ci naissent des axes de deuxième ordre B, également terminés par une fleur *b*; il se produit dans les mêmes circonstances des axes florifères de troisième et de quatrième ordre C et D qui portent également des fleurs, *c*, *d*. Ces inflorescences n'ayant pas reçu de noms spéciaux, nous n'y insisterons pas.

Dans les inflorescences indéfinies, l'axe principal ne porte jamais de fleurs. On en distingue six sortes principales.

Fig. 258. — Grappe (groseillier).

Fig. 259. — Grappe scorpioïde (myosotis).

La *grappe*, produisant sur un axe principal des axes secondaires de même longueur, terminés chacun par une fleur. Ex. : Groseillier (*fig.* 258). Lorsque les axes secondaires se subdivisent de manière à former eux-mêmes une petite grappe, l'inflorescence porte le nom de *grappe composée*. Ex. : Vigne. La grappe est dite *scorpioïde* lorsqu'elle ne produit de fleurs que d'un seul côté, et qu'elle est, avant l'épanouissement, enroulée en crosse. Ex. : Myosotis (*fig.* 259).

Fig. 260. — Corymbe (poirier).

Le *corymbe* diffère de la grappe parce que les axes secondaires sont de longueur différente et disposés de manière à porter les fleurs au même niveau. Ex. : Poirier (*fig.* 260). On voit tous les passages de la grappe au corymbe par l'accroissement progressif des pédoncules extérieurs.

Le *corymbe composé* est au corymbe simple ce que la grappe composée est à la grappe simple. Ex. : Aubépine.

L'*ombelle* est une inflorescence où les axes secondaires partent tous du même point (*fig.* 261). Si ces axes ont une même longueur l'inflorescence représente une petite sphère. Ex. : Ail. Si les axes secondaires extérieurs sont plus longs que les autres, les fleurs

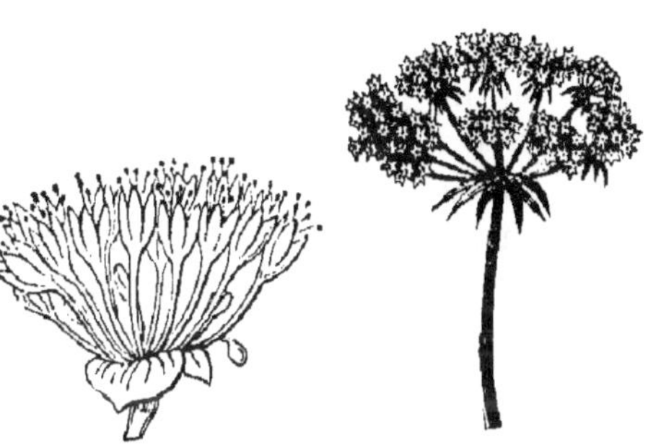

Fig. 261. Ombelle simple. — Fig. 262. Ombelle composée.

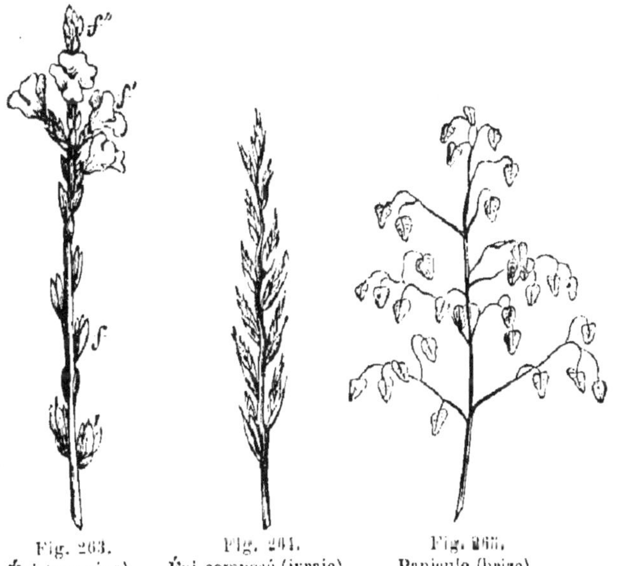

Fig. 263. Épi (verveine). — Fig. 264. Épi composé (ivraie). — Fig. 265. Panicule (brize).

vont au même niveau, l'ombelle passe au corymbe. Ex. : Jonc fleuri. La Carotte, le Panais sont des exemples d'ombelles composées (*fig.* 262), c'est-à-dire dont les axes secondaires se subdivisent et portent de petites ombelles.

L'*épi* est une inflorescence où les pédondules secondaires sont excessivement courts, de telle sorte que les fleurs paraissent attachées directement sur l'axe principal. Ex. : Verveine, Plantain (*fig.* 263). Dans l'*épi composé*, les fleurs, toujours sessiles, sont fixées directement sur les axes secondaires. Ex. : Blé, Ivraie (*fig.* 264).

Quand un épi composé porte ses épillets à l'extrémité de longs pédoncules secondaires, il prend le nom de *panicule*. Ex. : Avoine, Brize (*fig.* 265).

Le *capitule* est une inflorescence où l'axe s'élargit de ma-

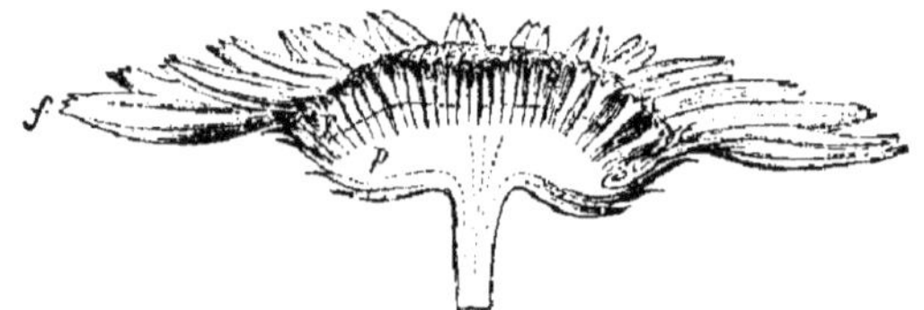

Fig. 266. — Capitule (reine-marguerite).

nière à offrir une surface plane, concave ou convexe (*p*) sur laquelle sont fixées des fleurs sessiles. Cette surface, nommée *réceptacle*, est généralement entourée d'une couronne de bractées sous forme d'écailles imbriquées, c'est l'*involucre*. Ex. : Reine-marguerite (*fig.* 266).

92. Parties principales de la fleur. — La fleur représente un *axe* généralement très-court et des *parties appendiculaires* qui la constituent presque entièrement. Que l'on prenne pour exemple une Pivoine. On y voit extérieurement cinq folioles vertes, que l'on nomme *sépales*, et dont l'ensemble constitue le *calice*. A l'intérieur de cette couronne verte s'en trouve une autre de couleur rouge, la *corolle*, formée de folioles ovales, que l'on nomme *pétales*. Le calice et la corolle sont les *enveloppes florales*. Ils entourent un grand nombre de filaments noirs terminés par une petite masse d'un brun foncé, ce sont les *étamines*, dont l'ensemble a reçu le nom d'*androcée*. Enfin, au centre de la fleur, il y a de deux à cinq petits cônes irréguliers de couleur verte, les *pistils*, dont la réunion est appelée *gynécée*. En arrachant successivement toutes ces parties, on voit qu'elles sont fixées sur un plateau légèrement convexe, nommé *réceptacle*, qui est l'*axe* de la fleur. Ainsi, dans la fleur, on distingue les parties suivantes :

Axe.	Réceptacle.	
Organes appendiculaires.	Calice formé de	sépales.
	Corolle —	pétales.
	Androcée —	étamines.
	Gynécée —	pistils.

93. Enveloppes florales : 1° *Nombre.* — Dans la Pivoine, il y a deux enveloppes florales, l'une verte, l'autre colorée ; dans l'Adonis, vulgairement goutte de sang, il existe deux enveloppes, mais elles sont colorées toutes deux, le calice en pourpre noirâtre, la corolle en pourpre clair ; dans l'Oseille, la Bette, l'Ortie, il n'y a qu'une seule enveloppe, qui est verte et s'appelle calice ; dans le Lis, on voit également une enveloppe unique, colorée soit en blanc, soit en jaune. Les botanistes la considèrent les uns comme une corolle, les autres comme un calice ; d'autres, tournant la difficulté, lui donnent le nom spécial de *périanthe ;* mais comme les folioles qui la forment sont disposées sur deux rangs, il est plus logique d'y voir à la fois un calice et une corolle, colorés tous deux de la même nuance.

94. 2° *Soudure des diverses pièces.* — La corolle, ainsi que le calice, peuvent être d'une seule pièce par suite de

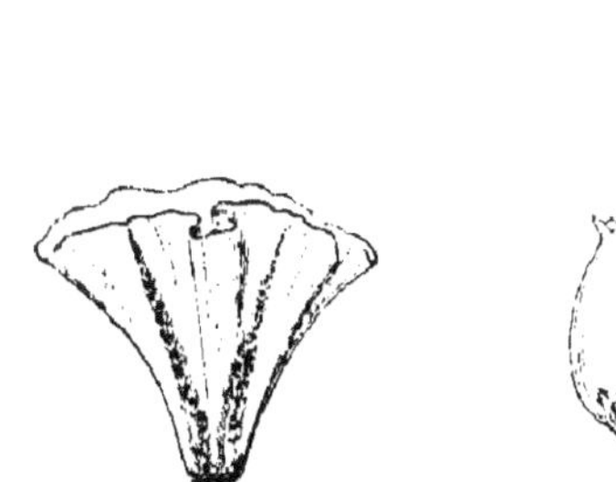

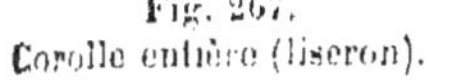

Fig. 267. Corolle entière (liseron).

Fig. 268. Corolle dentée (bruyère).

Fig. 269. Corolle lobée (tabac).

la soudure des pétales ou des sépales. On les désigne alors sous les noms soit de *monopétales* et *monosépales*, soit de *gamopétales* et *gamosépales*. La soudure peut être plus ou moins complète. Ainsi la corolle du Liseron (*fig.* 267) est *entière*, celle de la Bruyère (*fig.* 268) présente cinq dents, celle du Tabac (*fig.* 269) et du Lilas (*fig.* 270) ont des divisions assez profondes pour mériter le nom de *lobes*. Lorsque les

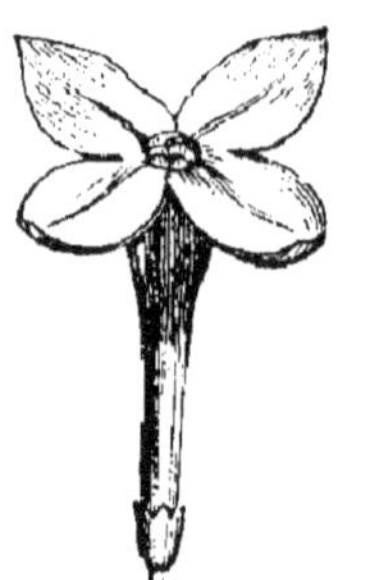

Fig. 270.
Corolle lobée (lilas).

Fig. 271. — Corolle quinquépartite (bourrache).

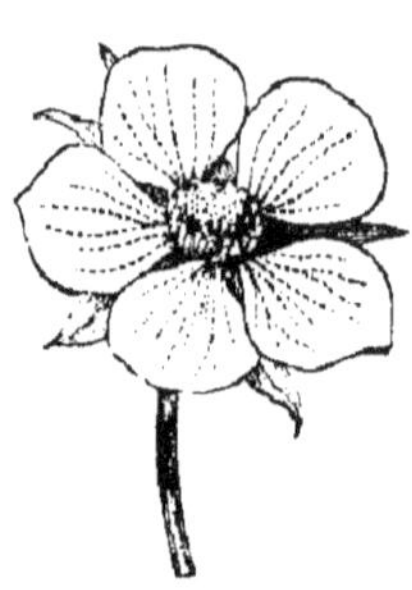

Fig. 272.—Corolle polypétale (fraisier).

cinq pétales sont seulement soudés à la base, on dit que la corolle est *partite* : ainsi celle de la Bourrache (*fig.* 271), qui a cinq divisions, est quinquépartite. Lorsque la corolle et le calice sont formés de pièces distinctes (*fig.* 272), on les nomme soit *polypétales* ou *polysépales*, soit *dialypétales* ou *dialysépales*. On est souvent tenté de prendre pour polypétale une corolle qui offre des divisions profondes soudées à la base; mais, quelles que soient les découpures d'une corolle monopétale, on peut toujours en la tirant la détacher tout d'une pièce.

95. 3° *Irrégularité*. — Les enveloppes florales sont *régulières* lorsque toutes les pièces sont semblables entre elles; dans le cas contraire, elles sont *irrégulières*. Dans le Muflier ou gueule de lion (*fig.* 273) et dans le lamier (*fig.* 274), la corolle monopétale est irrégulière, car elle présente deux lèvres très-différentes l'une de l'autre. La corolle du Haricot (*fig.* 64) est polypétale irrégulière; elle a cinq pièces : deux, légèrement soudées ensemble, forment une sorte de petite nacelle qui renferme les étamines; deux autres pétales, libres et plus petits, sont situés sur les côtés comme les rames, et le cinquième pétale, plus grand que les autres, est relevé comme une voile.

96. 4° *Forme*. — On a donné différents noms aux formes

spéciales de corolle et de calice. Ainsi on a les corolles *urcéolées* (*fig.* 268), *infundibuliformes* (*fig.* 269), *hypocratériformes* (*fig.* 270), *rotacées* (*fig.* 271), *rosacées* (*fig.* 272), *personées*

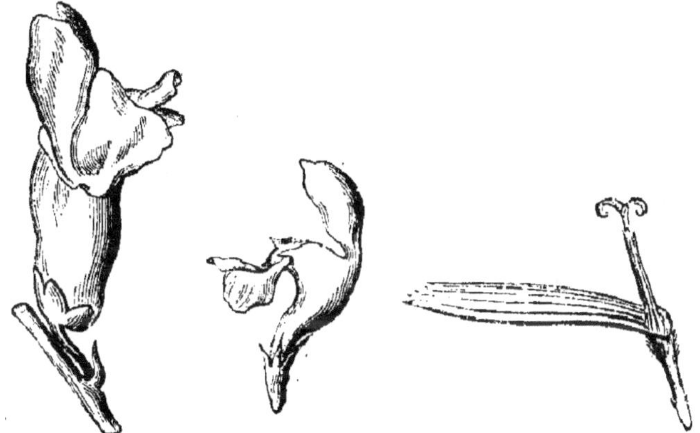

Fig. 273. — Corolle irrégulière personée (muflier).

Fig. 274. — Corolle irrégulière labiée (lamier).

Fig. 275. — Corolle irrégulière ligulée (chicorée).

(*fig.* 273), *labiées* (*fig.* 274), *ligulées* (*fig.* 275), *papillonacées* (*fig.* 64), etc. L'étude des familles fournissant une excellente occasion de définir ces divers noms, le lecteur devra s'y reporter.

97. 5° *Préfloraison.* — On appelle *préfloraison* le mode de disposition des pétales et des sépales dans le bouton de fleur. Les principaux sont les suivants :

Préfloraison valvaire (*fig.* 276) : Les pétales se touchent par leurs bords. Ex. : Clématite.

Préfloraison tordue (*fig.* 277) : Les pétales se recouvrent

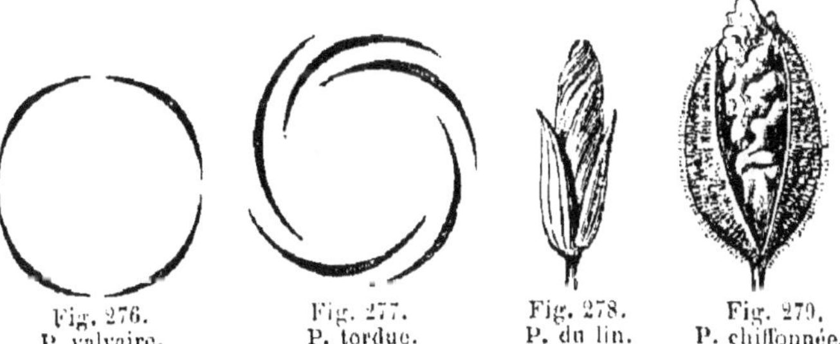

Fig. 276. P. valvaire.

Fig. 277. P. tordue.

Fig. 278. P. du lin.

Fig. 279. P. chiffonnée.

l'un l'autre, étant moitié intérieurs, moitié extérieurs. Ex. : Lin (*fig.* 278).

Préfloraison chiffonnée : Les pétales, étant très-grands, ne peuvent se disposer régulièrement dans le bouton ; ils sont chiffonnés, sans ordre. Ex. : Coquelicot (*fig.* 279).

Préfloraison quinconciale (*fig.* 280) : Il y a deux pétales

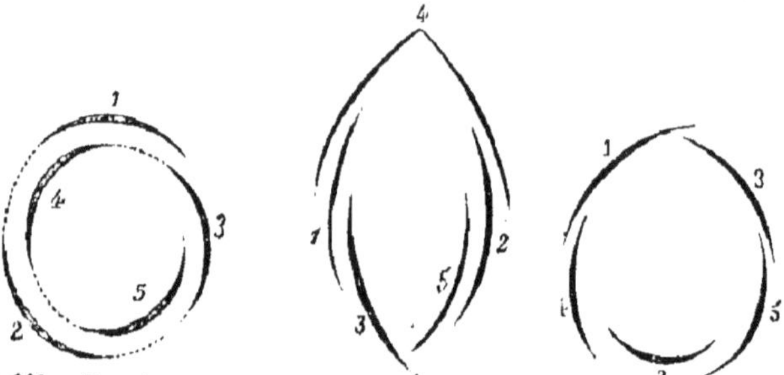

Fig. 280.— P. quinconciale. Fig. 281. — P. vexillaire. Fig. 282. — P. cochléaire.

(1 et 2) extérieurs, un (3) moitié intérieur, moitié extérieur, et deux (4 et 6) intérieurs. Ex. : Renoncule.

Préfloraison vexillaire (*fig.* 281) : Un pétale (4) extérieur, deux (1 et 2) internes, externes, deux (3 et 5) intérieurs se touchant par leurs bords. Ex. : Haricot.

Préfloraison cochléaire (*fig.* 282) : Deux pétales (1 et 3) extérieurs, deux (4 et 5) internes-externes, un (2) intérieur. Ex. : Aconit.

98. 6° *Durée.* — Les enveloppes florales, qui constituent

Fig. 283.
Corolle caduque de la vigne.

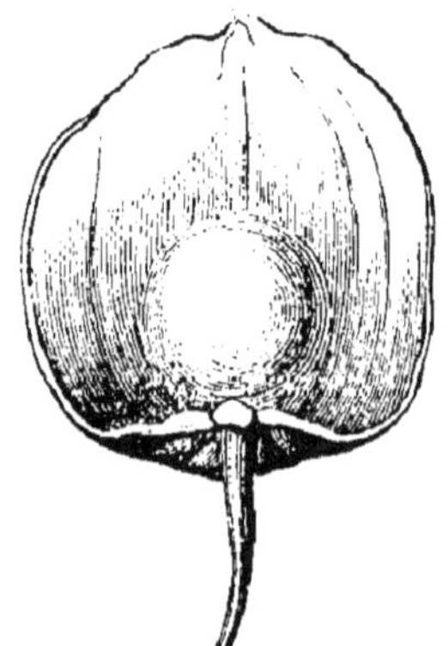

Fig. 284.
Calice persistant de l'alkekengo.

essentiellement ce que l'on appelle vulgairement la fleur, se fanent et tombent au bout de quelques jours; quelquefois elles se détachent au moment de l'épanouissement. Ainsi, lorsque le Coquelicot fleurit, les deux sépales qui entourent le bouton tombent, et on pourrait croire que ces fleurs n'ont pas de calice. Chez la Vigne, la corolle, formée de quatre petits pétales, se détache aussi au moment de la floraison (*fig.* 283) et, comme le calice est rudimentaire, la fleur paraît dépourvue d'enveloppes florales. Ces organes qui tombent de bonne heure sont dits *caducs*; ils sont *persistants* lorsqu'ils prolongent leur durée au-delà de la floraison; le cas se présente assez souvent pour le calice, qui alors entoure et protége le fruit. Chez les Menthes, l'intérieur du calice, légèrement tubulaire, est garni de poils qui se relèvent quand la corolle est tombée et ferment la cavité au fond de laquelle mûrissent les fruits. Chez la Toque ou Scutellaire, le calice est irrégulier : il présente deux lèvres. Lorsque la fleur est fanée, la lèvre supérieure retombe en forme de couvercle sur le bord de la lèvre inférieure et la ferme complétement; les fruits se développent dans l'intérieur de cette petite boîte (*fig.* 285). L'exemple le plus remarquable est celui de l'Alkékenge. Le calice, tubulaire à cinq dents, prend un grand développement après la floraison; il se renfle en vessie et forme une enveloppe au fruit, qui a la forme d'une petite cerise rouge (*fig.* 284).

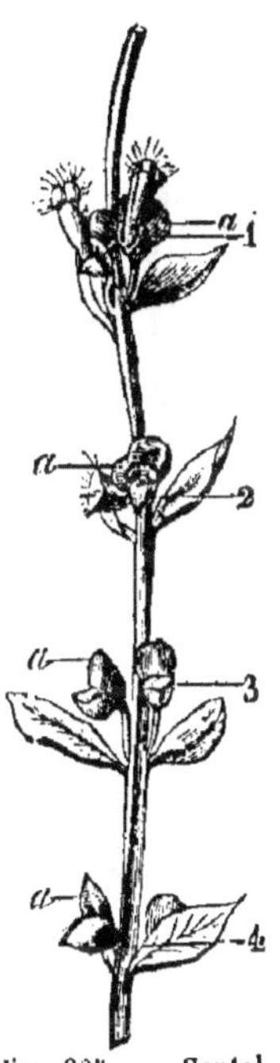

Fig. 285. — Scutellaire, 1, fleurs épanouies; 2, la corolle est tombée, le calice reste ouvert; 3, le calice se ferme; 4, le calice est complétement formé; *a*, écaille située sur la lèvre supérieure du calice.

99. Androcée. Etamines. — L'étamine est composée d'une petite tige, ou *filet* (*fig.* 287, *f*), servant de support à une double boîte nommée *anthère* (*a*), qui renferme les grains de *pollen*. Ceux-ci ont généralement une couleur jaune qu'ils communiquent à l'anthère. Les deux boîtes de l'anthère portent le nom de *loges*; et la portion du filet qui les unit est appelée *connectif*. L'écartement des deux loges dépend de la longueur du connectif. Généralement elles sont accolées ; dans le Tilleul (*fig.* 287), elles ne se touchent plus, et dans la Sauge (*fig.* 288), cet écartement est exagéré, car

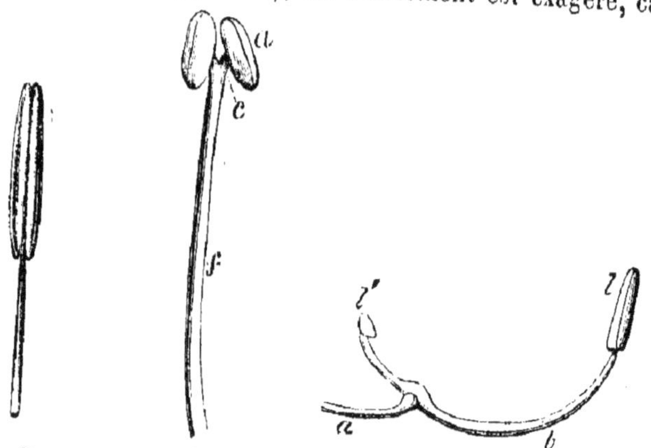

Fig. 286. Étamine.

Fig. 287. — Étamine (tilleul). *a*, anthère ; *c*, connectif ; *f*, filet.

Fig. 288. — Étamine de la sauge. *a*, filet ; *l l'*, anthères ; *b*, connectif.

le connectif a la forme d'un arc portant chaque anthère à ses extrémités.

L'une des loges peut avorter, ou toutes deux se subdiviser par des cloisons transversales. Selon ces cas, on dit que l'anthère est uni, bi ou quadriloculaire (à une, deux, quatre loges).

Les loges de l'anthère doivent s'ouvrir pour laisser sortir le pollen. Ordinairement elles le font par une fente longitudinale, et selon que cette fente se produit vers l'intérieur de la fleur (c'est le cas le plus fréquent) ou vers l'extérieur (Iris), l'étamine est dite *introrse* ou *extrorse*. Dans quelques cas particuliers, la déhiscence des anthères a lieu d'une manière différente. Ainsi, dans la Pomme de terre (*fig.* 289), un trou se produit au sommet de la loge ; dans l'Épine-vinette (*fig.* 290), chaque loge présente du côté interne une val-

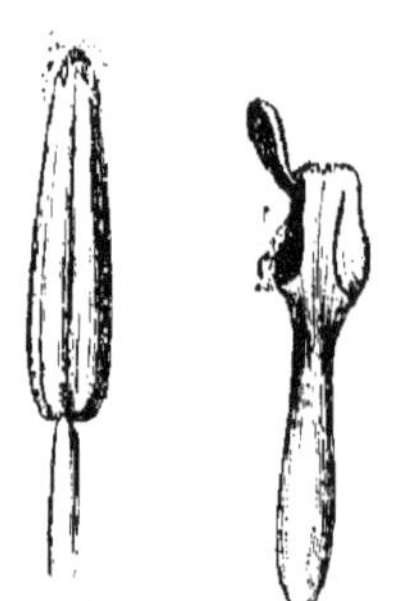

Fig. 289. — Étamine de pomme de terre.

Fig. 290. — Étamine d'épine-vinette.

vule qui se soulève comme un volet. L'anthère du Cannellier, qui a quatre loges, possède quatre valvules de même nature.

Le nombre des étamines est très-variable : la fleur est dite *isostémonée* lorsqu'il y a autant d'étamines que de pétales ; la fleur est *diplostémonée* lorsque ce nombre est le double.

100. — L'androcée est régulier lorsque toutes les étamines sont de même longueur et de même forme ; il est irrégulier dans le cas contraire : tels sont l'androcée du Chou, qui offre quatre grandes étamines et deux petites, et celui de

Fig. 291.—Étamines tétradynames du chou.

Fig. 292.—Étamines didynames du lamier blanc.

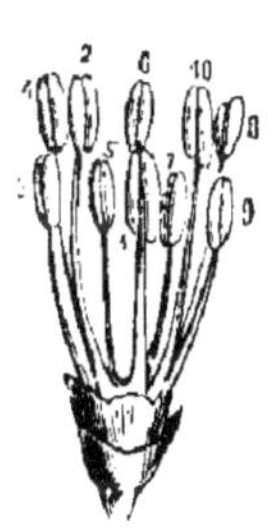

Fig. 293. — Étamines diplostémonées inégales[1].

la Menthe, qui en a deux grandes et deux petites. Le premier

Fig. 294.—Étamines monadelphes de la mauve.

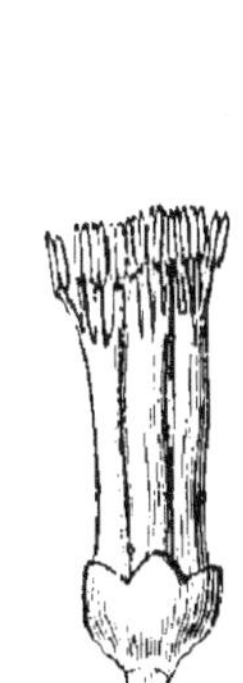

Fig. 295.—Étamines polyadelphes de l'oranger.

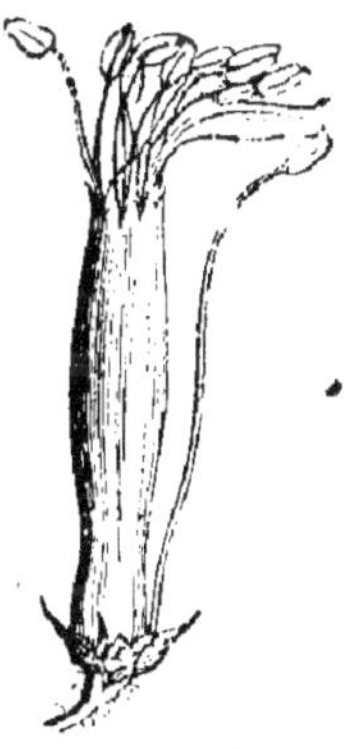

Fig. 296. — Étamines diadelphes du haricot.

est dit *tétradyname* (*fig.* 201), le second *didyname* (*fig.* 292). Dans les fleurs diplostémonées (*fig.* 293), telles que la Stel-

1. Les numéros indiquent la suite des étamines tout autour de l'androcée.

laire, les étamines sont alternativement grandes et petites.

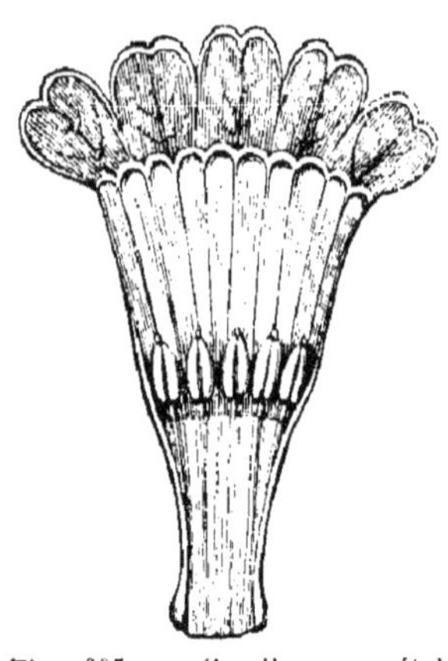

Fig. 297. — Corolle monopétale portant les étamines (primevère).

101. — Comme les pétales et les sépales, les étamines sont tantôt libres, tantôt soudées soit en un paquet (étamines *monadelphes* (*fig.* 294); ex. : Mauve), soit en plusieurs (étamines *polyadelphes* (*fig.* 295); ex. : Millepertuis, Oranger). Dans le Pois, le Haricot, les étamines sont soudées toutes ensemble, sauf une, qui est libre : on dit qu'il y a *diadelphie* (*fig.* 296). La soudure a généralement lieu par les filets ; elle se fait quelquefois par les anthères.

Le filet des étamines est fixé soit sur le réceptacle, soit sur la corolle, lorsque celle-ci est monopétale[1] (*fig.* 297), soit sur le calice, si la corolle manque, ou même quelquefois directement sur le gynécée ; les fleurs qui présentent cette dernière disposition sont dites *gynandres*.

Fig. 298. — Pistil du lis. *o*, ovaire ; *s*, style ; *t*, stigmate.

C'est d'après la présence, le nombre et la soudure des étamines que Linné a fondé son système de classification végétale qui eut un si grand succès à la fin du dernier siècle.

102. Gynécée. Pistil. — Le *gynécée* présente tantôt plusieurs *pistils*, tantôt et plus souvent un *pistil* unique qui occupe le centre de la fleur. Dans quelques cas, on peut reconnaître que ce pistil unique est formé par la réunion de plusieurs pistils soudés ensemble, c'est ce qu'on peut appeler un pistil composé. On a souvent désigné sous le nom de *carpelles* ou de *feuilles carpellaires* les éléments d'un pistil composé ou même chaque pistil simple.

1. Dans ce cas les étamines se détachent avec la corolle (§ 94). Toutefois ce caractère n'existe pas chez les Campanulacées.

Le pistil se compose de trois parties : l'*ovaire* (*fig.* 298, *o*), le *style* (*s*) et le *stigmate* (*t*).

Le *style* étant la partie la moins importante, nous en parlerons d'abord. C'est une petite colonne posée sur l'ovaire et supportant le stigmate. Sa longueur est très-variable. S'il vient à manquer, le stigmate repose sur l'ovaire; il est dit alors sessile (*fig.* 300).

Le *stigmate* a des formes très-diverses. Le plus souvent c'est un mamelon gonflé de tissu lâche, dépourvu d'épiderme et lubréfié par une humeur plus ou moins visqueuse; d'autres fois il figure un plumet (*fig.* 299), un peigne, un pétale comme dans l'Iris, ou un disque comme dans le Pavot (*fig.* 300).

Fig. 299. — Stigmate plumeux du blé.

Fig. 300. — Stigmate discoïde du pavot.

L'*ovaire* est une cavité qui renferme les *ovules* ou jeunes graines. Ceux-ci sont fixés sur des faisceaux fibro-vasculaires nommés *placentas*, qui se détachent de l'axe de la fleur, pénètrent dans l'ovaire et y présentent des dispositions variables. On distingue quatre espèces de placentations :

103. — 1° *Placentation centrale.* L'ovaire, toujours unique, ne présente qu'une seule loge dans laquelle l'axe de

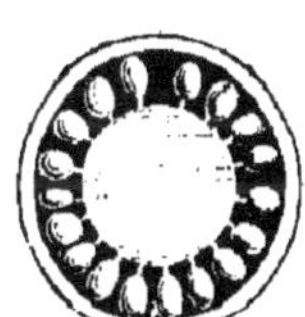
Fig. 301. Placentation centrale (primevère).

Fig. 302. Placentation pariétale multicarpellaire (réséda).

Fig. 303. Placentation pariétale unicarpellaire (prunier).

Fig. 304. Placentation axile (lis).

la fleur semble se prolonger en formant une colonne centrale qui porte les ovules. Ex. : Primevère (*fig.* 301).

2° *Placentation pariétale multicarpellaire.* L'ovaire ne présente également qu'une seule cavité; mais il y a plusieurs placentas qui suivent les soudures des feuilles carpellaires; on trouve donc sur les parois internes plusieurs lignes saillantes qui portent les ovules. Ex. : Violette, Réséda (*fig.* 302).

3° *Placentation pariétale unicarpellaire.* Elle n'existe que dans les pistils simples; on suppose que les ovaires de ces pistils sont formés par une feuille carpellaire dont les bords se sont rapprochés et soudés. Le placenta suit la soudure; ainsi, dans ce cas, l'ovaire uniloculaire ne présente qu'une seule ligne portant les ovules. Ex.: Haricot, Prunier (*fig.* 303).

4° *Placentation axile.* Elle existe dans les ovaires pluriloculaires, c'est-à-dire divisés en plusieurs cavités ou *loges.* Les placentas qui portent les ovules sont situés dans l'angle interne de ces loges. Ainsi dans le Lis (*fig.* 304), il y a trois loges et à l'angle de chacune d'elles une double rangée d'ovules. Lorsque l'ovaire n'a que deux loges, comme celui de la Pomme de terre, le placenta est au milieu de la cloison qui les sépare; dans le cas particulier qui vient d'être cité, il a la forme d'un gros mamelon allongé sur lequel est attaché un grand nombre d'ovules. Quelquefois les loges se détruisent; il ne reste plus au centre qu'un axe portant les ovules, et qui simule une placentation centrale; ex. : Lin. Mais dans le jeune âge les loges sont toujours séparées et distinctes.

On trouve fréquemment dans l'ovaire de fausses cloisons qui au premier abord peuvent mettre dans l'erreur sur la structure. Ainsi l'ovaire des Crucifères (Girollée, Chou, etc.) semble faire exception à la règle qui vient d'être posée; il paraît être à deux loges, et cependant les ovules, au lieu d'être fixés sur le milieu de la cloison, sont attachés à la jonction de la cloison et des parois de l'ovaire (*fig.* 305). L'explication de cette apparence anormale est la suivante : les ovules sont portés sur deux placentas pariétaux et une fausse cloison s'étendant d'un placenta à l'autre, sépare en deux la cavité de l'ovaire.

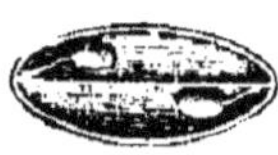

Fig. 305. Coupe de l'ovaire d'une crucifère.

104. Réceptacle. — Il est légèrement bombé chez la Nielle (*fig.* 306), et conique dans la Renoncule (*fig.* 307). Dans ces deux cas, le gynécée est attaché à un niveau plus élevé que le point d'insertion des étamines et de la corolle. On dit que l'ovaire est *supère*, et que l'insertion des

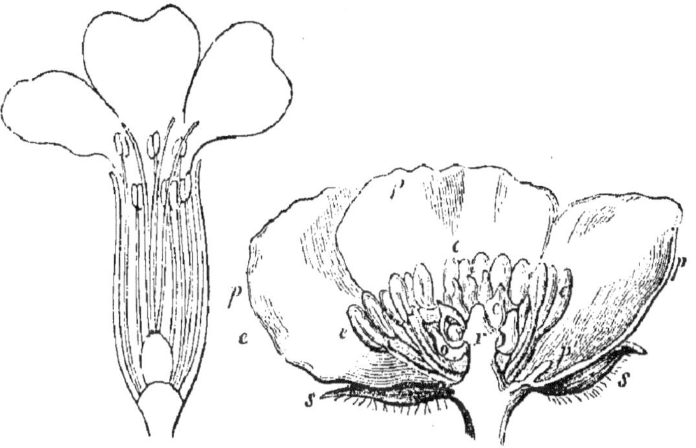

Fig. 306.
Insertion hypogyne de la nielle.

Fig. 307.
Insertion hypogyne de la renoncule.

étamines est *hypogyne*. Dans quelques fleurs assez rares, la Passiflore, le Câprier (*fig.* 308), l'Euphorbe (*fig.* 309),

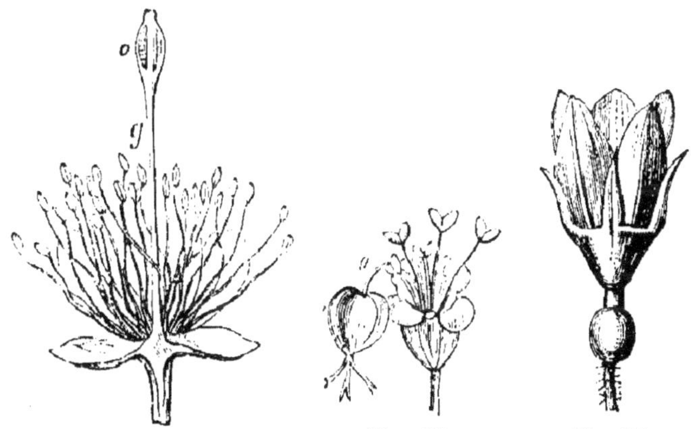

Fig. 308.
Fleur du câprier *o*, ovaire; *g*, gynophore.

Fig. 309.
Fleur de l'euphorbe. *o*, ovaire; *g*, gynophore.

Fig. 310.
Ovaire infère de la bryone.

l'ovaire est *stipité*, c'est-à-dire porté sur une sorte de pédoncule. Ce n'est qu'une exagération de la disposition précédente.

On désigne sous le nom de *gynophore* ce prolongement conique ou filamentaire qui porte les ovaires.

Dans le Prunellier et le Rosier, le réceptacle a la forme d'une coupe plus ou moins creuse; les étamines sont attachées sur les bords à un niveau plus élevé que la base des ovaires. L'insertion est dite *périgyne* (*fig.* 311 et 312).

Dans le Poirier, le Pommier, l'Aubépine (*fig.* 313), la

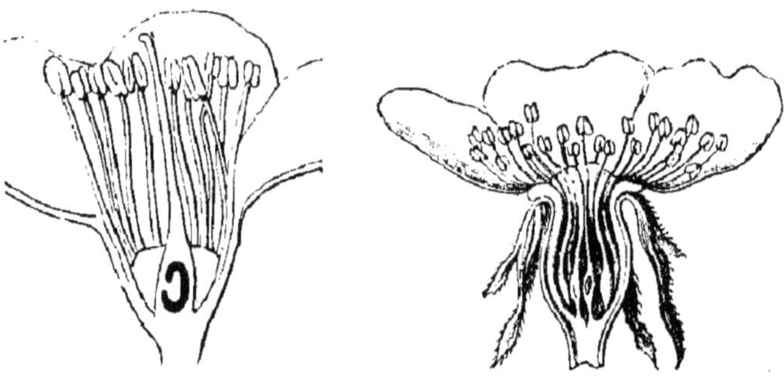

Fig. 311.
Insertion périgyne du prunellier.

Fig. 312.
Insertion périgyne du rosier.

Campanule (*fig.* 314), les loges de l'ovaire sont creusées dans la substance même du réceptacle. Lorsqu'on regarde dans

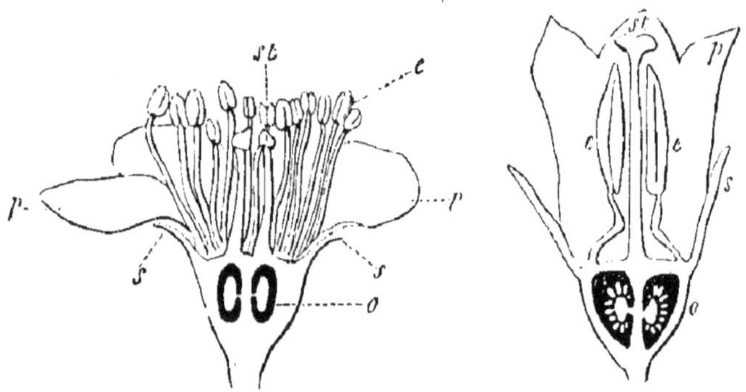

Fig. 313.
Insertion épigyne de l'aubépine.

Fig. 314. — Insertion épigyne de la campanule.

l'intérieur de la fleur, le filet semble sortir directement du fond. Les étamines et les pétales étant fixés à un niveau plus élevé, on dit l'insertion *épigyne*. Quant à l'ovaire, il se trouve dans une partie renflée qui est sous la fleur; aussi porte-t-il le nom d'ovaire *infère*. Cette disposition est très-visible dans la Bryone et les autres Cucurbitacées (*fig*. 310).

105. — Souvent sur le réceptacle il y a des parties saillantes que l'on appelle *disque*, *glandes* ou *nectaires* (*fig*. 315). Ce dernier nom convient particulièrement aux organes qui sécrètent une humeur sucrée ou *nectar*; quelques botanistes l'ont appliqué à tous les organes accessoires que l'on peut trouver dans une fleur et dont la nature est inconnue.

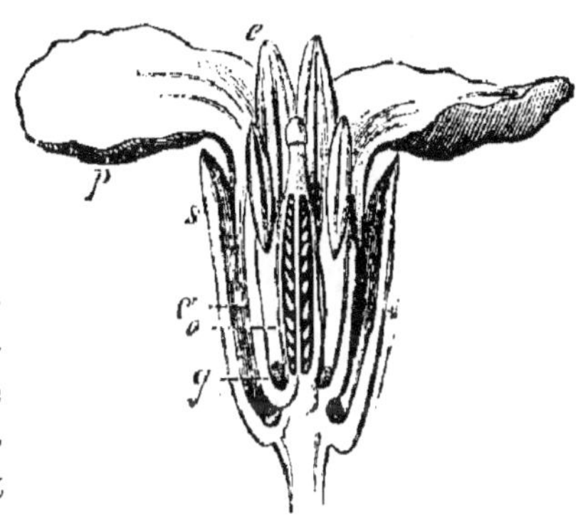

Fig. 315.
Glandes à la base des étamines dans la fleur de la Giroflée. *e*, étamine; *g*, glande.

106. Métamorphoses. — La fleur, avons-nous dit, est un bourgeon. L'axe représente la jeune branche et les diverses parties de la fleur correspondent aux feuilles ou plutôt ne sont que des feuilles transformées.

La transformation des feuilles en sépales n'a rien qui soit

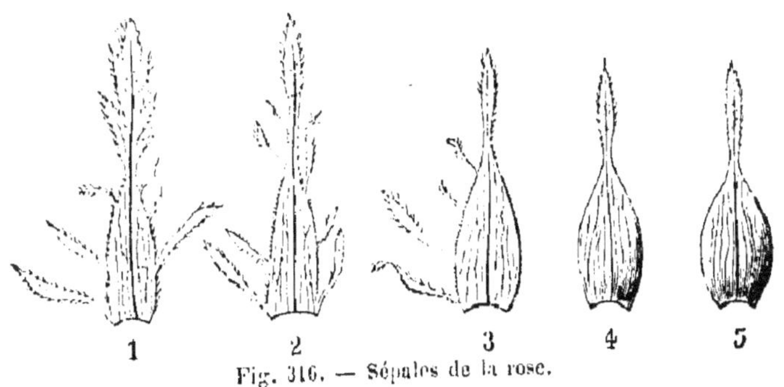

Fig. 316. — Sépales de la rose.

difficile à admettre; elles s'en rapprochent par la couleur, la structure, la présence des stomates, des glandes et des poils. La forme même est souvent semblable : dans la Rose (*fig*. 316) le sépale extérieur est une véritable feuille dont le pétiole commun s'est fortement élargi; il porte encore de chaque côté des folioles, très-réduites il est vrai. Il en est de même, quoique à un moindre degré, du second sépale. Le troisième n'a plus de folioles que d'un seul côté. Le quatrième et le cinquième en manquent complétement. On exprime cette disposition par le distique latin suivant :

Quinque sumus fratres; quorum duo sunt sine barba,
Barbati duo sunt, semipilosus ego.

Les pétales rappellent encore les feuilles par leur forme, leur structure, et, quelquefois aussi, leur coloration en vert par la chlorophylle, chez la Vigne par exemple.

Les étamines sont des feuilles modifiées à un degré plus élevé que les pétales. Chez les Nymphæa, on voit tous les passages des pétales aux étamines; les pétales de ces fleurs sont nombreux; ils diminuent successivement de grandeur, deviennent de plus en plus étroits, et leur extrémité se dessine en pointe. Bientôt on voit apparaître à cette extrémité deux petits points jaunes, qui sont plus grands dans le pétale sui-

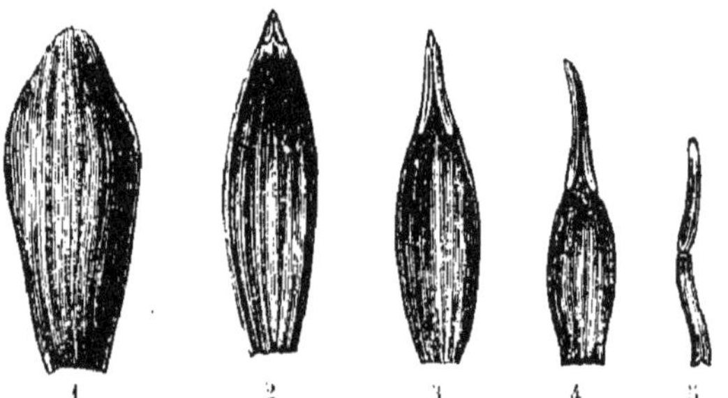

Fig. 317. — Transformation progressive des pétales du Nymphæa en étamines.

vant, ressemblent ensuite à des anthères et finissent par devenir des anthères véritables; en même temps le pétale s'est rétréci et transformé en filet (*fig.* 317).

Les pistils ont la couleur des feuilles, et dans certaines parties ils en affectent la forme. L'ovaire du Baguenaudier n'est véritablement qu'une feuille pliée en deux; dans l'Iris, les styles ressemblent complétement à de petits pétales.

Ces considérations sur la métamorphose de la feuille en sépales, pétales, étamines, pistils, ont été développées et popularisées par le célèbre poëte Gœthe. Il la désigne sous le nom de *métamorphose progressive*. Dans certains cas de monstruosités, il peut y avoir *métamorphose rétrograde*. Ainsi la Rose à cent feuilles est le résultat de la transformation des étamines en pétales; il en est de même de toutes les fleurs doubles, Œillet, Camélia, etc. Chez le Merisier double, les feuilles carpellaires, au lieu de constituer des ovaires, se transforment en pétales. Dans le Croton, on voit quelquefois ces mêmes feuilles carpellaires se changer en étamines. Enfin certaines variétés monstrueuses d'Ancolie montrent les ovules transformés en petites feuilles (*fig.* 318).

Il y a aussi des anomalies en

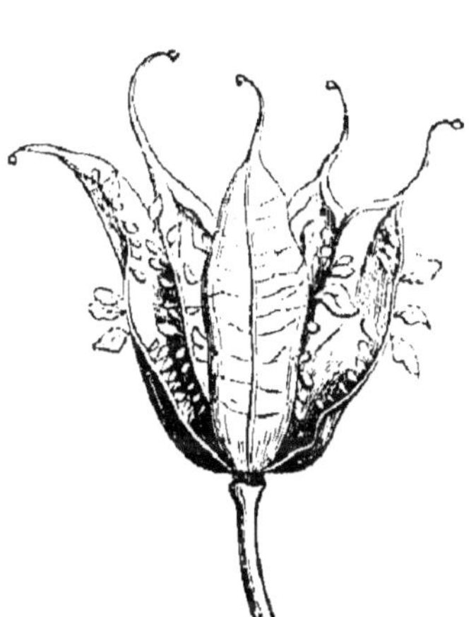

Fig. 318. — Fleur monstrueuse d'ancolie où les ovules sont remplacés par de petites feuilles.

Fig. 319. — Rose prolifère.

sens contraire qui produisent en quelque sorte des *métamorphoses anticipées*. Ainsi les étamines du pavot peuvent se transformer en pistils.

107. — Il est d'autres anomalies qui affectent l'axe de la fleur et peuvent s'expliquer de la même manière. Dans la Rose prolifère (*fig.* 319), l'axe se prolonge à travers l'ovaire et donne naissance à un nouveau rameau. Ce fait se présente aussi dans l'OEillet et dans le Pommier, et comme l'anomalie ne s'oppose pas à la fructification, on trouve des pommes qui semblent traversées par une branche.

108. Fleurs incomplètes. — Les divers organes que nous venons de citer n'existent pas chez toutes les fleurs. Lorsque l'un d'eux vient à manquer, la fleur est dite *incomplète.* Il y a souvent absence de corolle (Chanvre, *fig.* 320), ou même de calice et de corolle (Frêne, *fig.* 321). Lorsque les étamines ou les pistils font défaut, comme dans le Laurier,

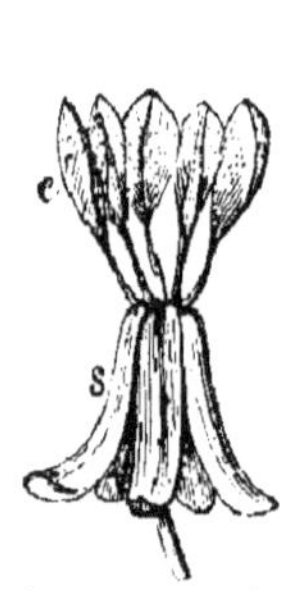

Fig. 320. — Fleur unisexuée sans corolle du chanvre ; s, calice ; e, étamines.

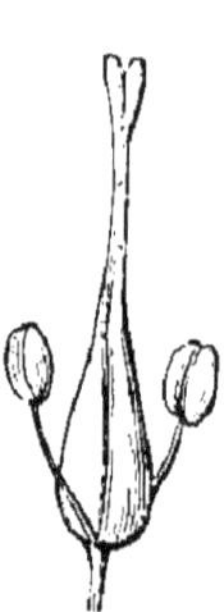

Fig. 321. — Fleur hermaphrodite sans enveloppe florale du frêne.

Fig. 322. — Fleurs unisexuées sans enveloppe florale du saule. M, fleur mâle ; F, fleur femelle.

Fleurs incomplètes.

la Bryone, le Chanvre et le Saule (*fig.* 322), la fleur est dite *unisexuée.* On a appelé fleurs *mâles* les fleurs qui ont des étamines sans pistils, et fleurs *femelles* celles qui ont des pistils sans étamines. Quant aux fleurs qui réunissent ces deux sortes d'organes et sont complètes sous ce rapport, on les nomme *hermaphrodites* (*fig.* 321). On appelle *dioïques* les plantes chez lesquelles les fleurs mâles et les fleurs femelles sont portées sur des pieds différents, *monoïques* (*fig.* 323) celles chez lesquelles ces deux ordres de fleurs sont réunis sur le même pied, et *polygames* les plantes monoïques où les fleurs mâles et les fleurs femelles sont en outre accompagnées de fleurs hermaphrodites.

109. Diagramme des fleurs. — La position relative des diverses parties de la fleur est importante à considérer; car on remarque que presque toutes les fleurs d'une même famille présentent la même symétrie ou, autrement dit, sont construites sur le même plan. Les botanistes donnent le nom de *diagramme* au plan figuratif indiquant la position des organes de la fleur. Ils représentent généralement les sépales par des croissants noirs, les pétales par des croissants blancs, et dans les diagrammes complets la préfloraison de ces organes est indiquée[1]. Le signe des étamines est un B dont les boucles sont dirigées vers l'intérieur si les anthères sont introrses et vers l'extérieur si elles sont extrorses (§ 99). Quant à l'ovaire, on le figure par un cercle divisé en autant de secteurs qu'il y a de loges.

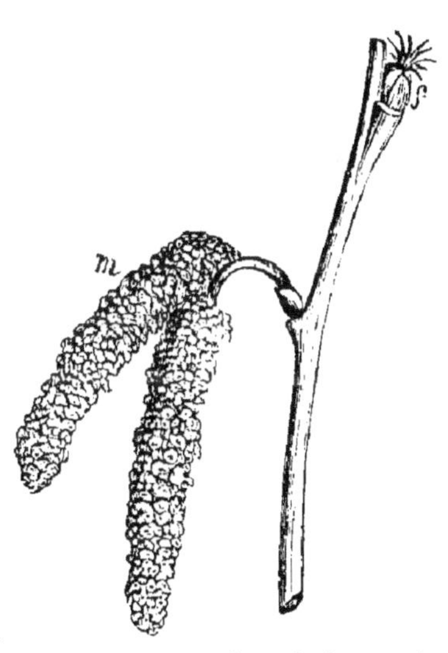

Fig. 323. — Noisetier, plante monoïque. *f*, fleur femelle; *m*, fleur mâle

110. Symétrie de la fleur. — Les fleurs peuvent présenter une symétrie rayonnée, une symétrie bilatérale ou une asymétrie complète. Ces deux dernières dispositions sont le résultat de variations du type par des causes que nous examinerons plus tard. La structure normale est la symétrie rayonnée. Les organes sont disposés autour du centre comme les rayons d'une étoile; on peut toujours mener plusieurs diamètres qui coupent la fleur en deux parties symétriques. Dans la symétrie bilatérale, un seul diamètre peut couper régulièrement la fleur; ainsi dans le Muflier ou Gueule de lion (*fig.* 324), tous les organes floraux sont symétriques par

1. On ne l'a pas fait dans cet ouvrage, destiné à des jeunes gens qui débutent dans l'histoire naturelle, pour ne pas compliquer les figures sans un grand avantage, la préfloraison étant un caractère assez difficile à observer et dont l'utilité n'est pas considérable.

rapport à un plan dirigé d'avant en arrière; il en est de même dans le Haricot (*fig.* 325). Dans les fleurs de Valéria-

Fig. 324. — Symétrie bilatérale (Muflier).

Fig. 325. — Symétrie bilatérale (Haricot).

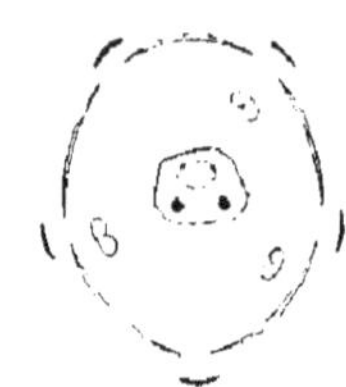

Fig. 326. — Asymétrie (Valérianelle).

nelle (*fig.* 326), il serait impossible de trouver une ligne symétrique quelconque; il y a asymétrie.

La symétrie rayonnée est binaire, ternaire, quaternaire, quinaire, selon que les mêmes organes y sont au nombre de deux, de trois, de quatre, de cinq ou d'un multiple de ces nombres. Exemples :

Symétrie binaire. Circée (*fig.* 327) : deux sépales, deux pétales, deux étamines, ovaire à deux loges.

Symétrie ternaire. Iris (*fig.* 328) : trois sépales pétaloïdes,

Fig. 327. — Symétrie binaire (Circée).

Fig. 328. — Symétrie ternaire (Iris).

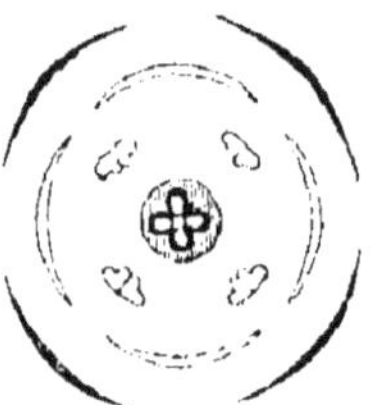

Fig. 329. — Symétrie quaternaire (Houx).

trois pétales, trois étamines, pistil à trois stigmates et trois loges à l'ovaire.

Symétrie quaternaire. Houx (*fig.* 329) : quatre sépales, quatre pétales, quatre étamines, ovaire à quatre loges, stigmate à quatre parties.

Symétrie quinaire. Lin (*fig.* 330) : cinq sépales, cinq pétales, cinq étamines, ovaire à cinq loges, cinq styles.

Il arrive souvent que la symétrie des différents organes de la fleur n'est pas la même. Dans le Lilas (*fig.* 331), la symé-

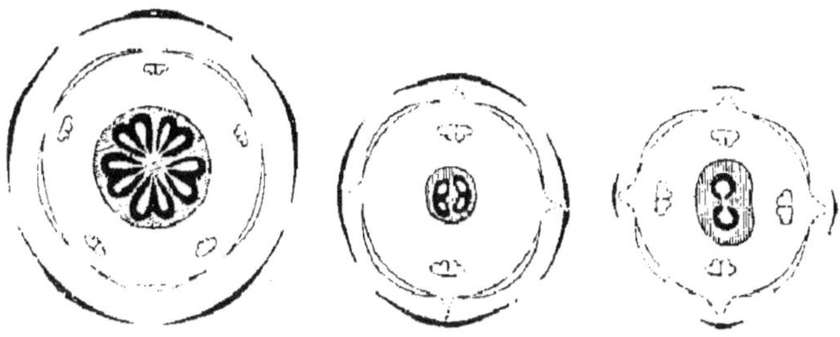

Fig. 330. — Symétrie quinaire (Lin).

Fig. 331. — Symétrie quaternaire et binaire (Lilas).

Fig. 332. — Symétrie quaternaire et binaire (Gratteron).

trie quaternaire des enveloppes florales est remplacée par une symétrie binaire dans l'androcée et le gynécée. Dans le Grat-

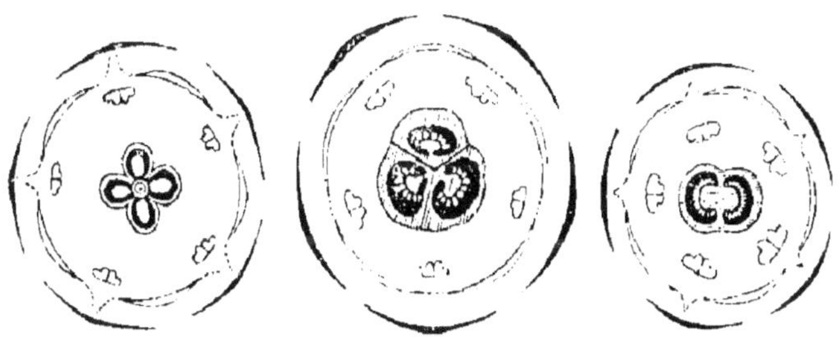

Fig. 333. — Symétrie quinaire et quaternaire (Bourrache).

Fig. 334. — Symétrie quinaire et ternaire (Campanule).

Fig. 335. — Symétrie quinaire et binaire (Pomme de terre).

teron (*fig.* 332), la symétrie est quaternaire pour le calice, la

Fig. 336. — Symétrie ternaire (fleur diplostémonée (Lis).

Fig. 337. — Fleur diplostémonée (Epilobe).

Fig. 338. — Symétrie diplostémonée (Nielle).

corolle et l'androcée, elle est binaire pour le gynécée. Dans la

Bourrache, la Campanule et la Pomme de terre (*fig.* 333, 334 et 335), la symétrie du gynécée est quaternaire, ternaire, binaire, quoique celle des autres parties de la fleur soit quinaire.

111. Position des verticilles. — Lorsque les organes de même ordre sont peu nombreux, ils sont disposés en verticilles, c'est-à-dire que leurs points d'insertion sur le torus forment un cercle. Si leur nombre est un peu plus considérable, il y a plusieurs verticilles ; ainsi les étamines du Lis, de l'Épilobe, de la Nielle (*fig.* 336, 337 et 338), sont sur deux verticilles. Ces fleurs à deux verticilles d'étamines sont dites *diplostémonées,* tandis que celles qui n'en ont qu'un sont *isostémonées.*

On a reconnu comme loi assez générale que les divers verticilles successifs alternent entre eux. Ainsi les pétales sont attachés vis-à-vis de l'intervalle des sépales, les étamines vis-à-vis de l'intervalle des pétales, etc. Dans les fleurs diplostémonées, où il y a deux verticilles d'étamines, tantôt le

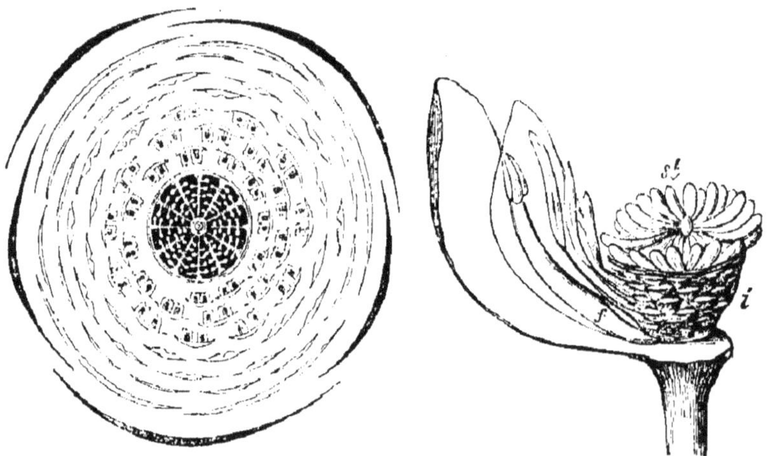

Fig. 339. — Fleur spiralée de nymphæa.

Fig. 340. — Portion de la fleur de nymphæa. *st*, stigmate discoïde ; *i*, réceptacle portant les empreintes de l'insertion des étamines disposées en spirale ; *f*, filet pétaloïde.

verticille extérieur alterne avec les pétales, tantôt il est placé vis-à-vis.

112. Fleurs spiralées. — Lorsque les organes de la

fleur sont très-nombreux, ils sont fréquemment disposés suivant une ligne spirale : ainsi les étamines des Nymphæa (*fig.* 339 et 340), les étamines et les pistils des Magnolia et des Renoncules.

113. Causes de la variation de la symétrie. — Nous avons dit qu'en général tous les genres d'une même famille ont des fleurs construites sur le même type ; mais diverses causes peuvent faire varier ce type. Ce sont : la *disjonction*, la *soudure*, l'*atrophie*, le *dédoublement*, l'*irrégularité* et la *métamorphose*.

1° *Disjonction*. — Dans la fleur de l'*Adoxa moschatellina*, il y a dix étamines, mais chacune d'elles n'est qu'une moitié d'étamine ; car elle ne porte qu'un seul anthère, et leurs filets sont soudés deux à deux par la base.

2° *Soudure*. — Le type de la famille des Cucurbitacées, le genre *Luffa* a cinq étamines. Le genre Concombre et la

Fig. 341.
Diagramme de bryone.

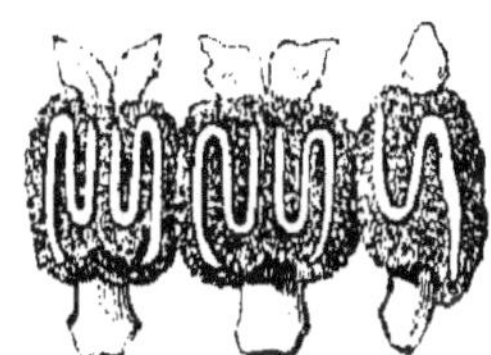

Fig. 342.
Étamines doubles de Cucurbitacée.

Bryone (*fig.* 341) en ont trois ; mais deux de ces étamines sont doubles, elles ont quatre anthères (*fig.* 342) : on peut donc les considérer comme provenant de la soudure préembryonnaire de deux étamines du type primitif.

3° *Atrophie*. — Dans le Bec de grue (*Geranium Robertianum*), il y a dix étamines sur deux verticilles, dont l'extérieur est opposé aux pétales et l'intérieur est alterne avec eux. Dans la Cicutaire (*Erodium cicutarium*), plante de la même famille, il n'y a plus que cinq étamines, les cinq autres, celles du verticille extérieur étant atrophiées et réduites à de simples filaments sans anthère.

4° *Dédoublement*. — Les quatre grandes étamines des Crucifères sont le résultat d'un dédoublement qui s'est produit des deux côtés seulement de l'androcée, des deux côtés opposés les étamines sont restées simples (*fig.* 343).

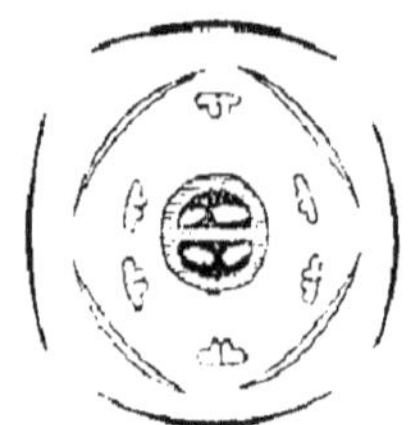

Fig. 343. — Dédoublement des étamines des crucifères.

5° *Ramification.* — On admet que dans beaucoup de cas, la multiplication des organes est le résultat d'une sorte de ramification. Ainsi les nombreuses étamines de l'oranger sont encore groupées par la base en cinq paquets, correspondant à la symétrie quinaire de la fleur.

6° *Irrégularité.* — La fleur de la Violette est simplement irrégulière : un des pétales, plus grand que les autres, se prolonge inférieurement en un cornet creux, et les filets des deux étamines voisines présentent un prolongement qui pénètre dans l'éperon. Dans le Muflier ou Gueule de lion, la corolle est à deux lèvres dissemblables; il y a quatre étamines, dont deux plus petites que les autres. L'irrégularité est donc compliquée d'un avortement, car cette fleur appartient au même type que celle de la Pomme de terre, qui est régulière et à cinq étamines. Dans le Muflier, l'étamine qui est placée contre la grande lèvre avorte. C'est un des exemples de la loi du balancement des organes, posée par Etienne Geoffroy Saint-Hilaire, et qui est applicable aussi bien à la botanique qu'à la zoologie : quand un organe prend un développement exagéré, l'organe voisin s'atrophie.

7° *Métamorphose.* — Tandis que le Lis, comme presque toutes les Monocotylédonées, a un calice pétaloïde à trois sépales, une corolle analogue au calice à trois pétales, six étamines sur deux verticilles, le Bananier ne possède que cinq étamines : la sixième s'est transformée en un filament pétaloïde que l'on appelle *staminode*. L'androcée du Balisier est bien plus métamorphosé encore. Quatre étamines sont devenues des staminodes; la cinquième n'a subi cette métamorphose que partiellement, elle conserve encore une moitié d'anthère; quant à la sixième, elle est devenue charnue et ressemble à un disque.

CHAPITRE II

FÉCONDATION.

114. Fonctions des fleurs. — La fleur a pour fonctions de donner naissance aux fruits et aux graines. L'ovaire se transforme en fruit et les ovules en graines sous l'influence fécondante du pollen.

115. Ovule. — L'ovule présente un noyau, ou *nucelle*, recouvert de deux enveloppes, la *primine* et la *secondine*. Ces enveloppes naissent autour du nucelle et grandissent plus rapidement que lui de manière à l'envelopper complétement. Néanmoins elles laissent toujours une petite ouverture, ou *micropyle*, par laquelle on aperçoit le nucelle au moins pendant la jeunesse de l'ovule. On appelle *hile* le point par lequel l'ovule s'attache au placenta, et *chalaze* le point par lequel le nucelle est fixé à ses enveloppes.

La disposition de ces diverses parties sert à caractériser les familles. Aussi est-il nécessaire d'y insister un peu.

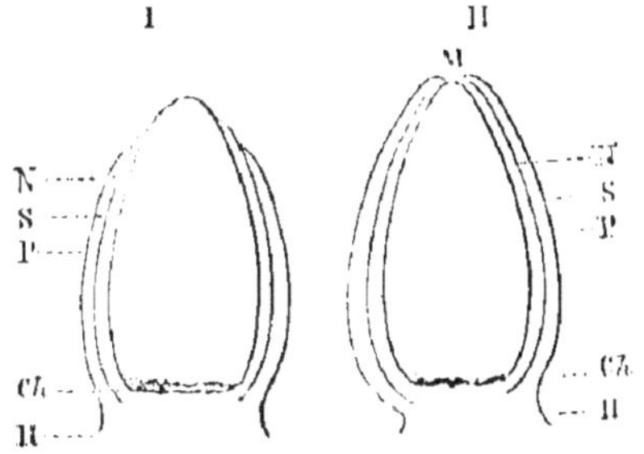

Fig. 344. — Ovule orthotrope.
I, 1re phase; II, 2e phase.
N, nucelle; S, secondine; P, primine; H, hile; M, micropyle; *Ch*, chalaze.

1° L'ovule du Sarrasin présente la structure la plus simple. Son micropyle est opposé au hile; on le nomme *orthotrope* (*fig.* 344).

2° L'ovule de la Giroflée et du Haricot à mesure qu'il grandit se recourbe en forme de rein. Le micropyle se trouve ainsi rapproché du hile et de la chalaze; on nomme cet ovule *campylotrope* (*fig.* 345).

3° Chez le Prunellier, le Noisetier, etc., l'ovule se recourbe aussi et le micropyle se rapproche du hile; mais le nucelle et la secondine ne participent pas à cette courbure; ils se renversent complétement. La primine seule se recourbe et forme sur le côté une sorte de cordon nommé *funicule* ou *raphé* (F),

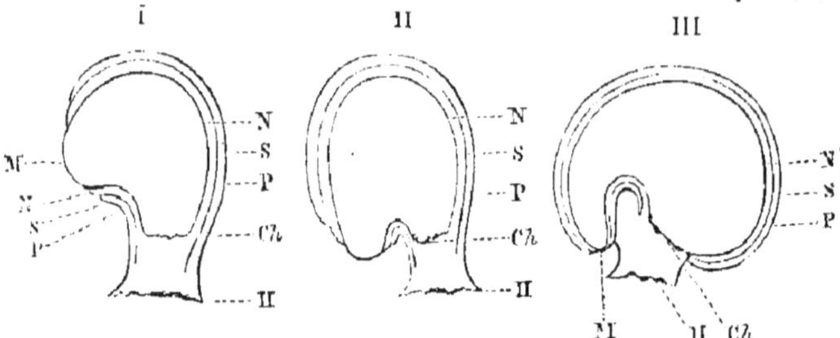

Fig. 345. — Ovule campulitrope. I, 1re phase; II, 2e phase; III, 3e phase.

de sorte que la chalaze est opposée au micropyle et au hile.

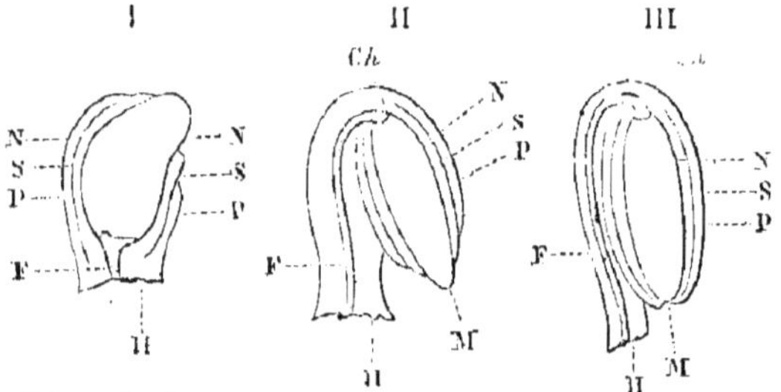

Fig. 346. — Ovule anatrope. I, 1re phase; II, 2e phase; III, 3e phase.

Cet ovule, le plus fréquent dans le règne végétal, est nommé *anatrope* (*fig.* 346).

116. Oosphère. — Lorsque l'ovule est arrivé à un certain degré de développement, une de ses cellules prend un accroissement prépondérant et finit par envahir presque tout le nucelle. Celui-ci apparaît alors comme une cavité, le *sac embryonnaire*, entourée d'une mince couche de tissu cellulaire (*fig.* 347, *se*). Bientôt, à la voûte supérieure du sac embryonnaire naît une cellule arrondie désignée sous le nom de *vésicule embryonnaire* ou *oosphère* (*fig.* 347, *e*).

117. Pollen. — Le pollen est une poussière composée de grains de grosseur et de couleur variables selon les espèces. Dans la Belle de nuit, ils ont 130 millièmes de millimètre, dans la Betterave 20, dans le Myosotis 10. Ils sont généralement jaunes, et par exception violets dans la Tulipe, noirs dans le Pavot, rouges dans l'Oranger. Chaque grain de pollen est formé de deux enveloppes et contient un liquide appelé *fovilla*. L'enveloppe extérieure, *exine*, est criblée de trous; l'enveloppe intérieure, *intine*, est continue, mince, très-extensible. Lorsque le grain de pollen est posé sur un endroit humide, il absorbe de l'eau et gonfle; la membrane intérieure passe par les trous de l'enveloppe extérieure, se prolonge en forme de doigt de gant, puis de tube ou de *boyau* rempli par la fovilla.

118. Fécondation. — Ce phénomène se produit dans la fécondation végétale: l'anthère s'ouvre, le pollen tombe sur le stigmate, dont la surface est lubréfiée d'humeur; les boyaux polliniques (*fig*. 348) se forment, s'allongent en pénétrant à travers le tissu cellulaire du style et arrivent dans l'ovaire. Le boyau se prolonge jusqu'à la rencontre des ovules, passe par le micropyle, pénètre dans le nucelle et vient s'appliquer contre la paroi du sac embryonnaire. Quelquefois même il refoule cette paroi et la perce pour se trouver à peu de distance de l'oosphère. Alors un travail se produit à l'intérieur de cette cellule, qui, par suite de la fécondation, prend le nom d'*oospore*. Elle ne tarde pas à s'allonger, de manière à donner naissance à un filet terminé à sa partie inférieure par une grosse cellule; on dirait un petit lustre suspendu à la voûte du sac embryonnaire. C'est dans cette grosse cellule, dite *vésicule germinative*, que se forme l'embryon. Elle se segmente en deux, en quatre, puis en un grand nombre d'autres cellules. Bientôt on voit s'y dessiner la forme de l'embryon. En même temps, l'ovule grossit, se transforme en graine, et l'ovaire en fruit.

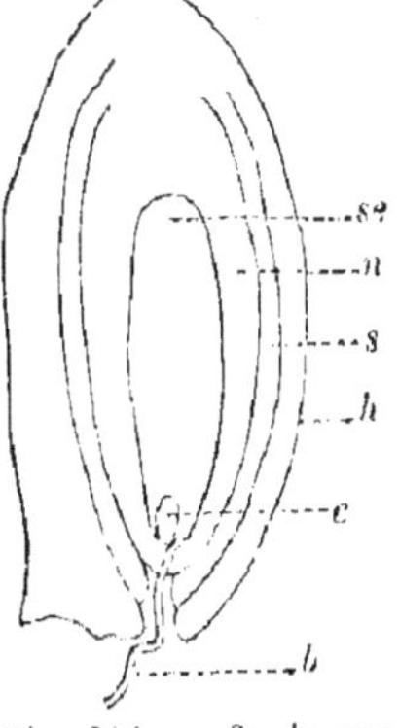

Fig. 347. — Ovule anatrope fécondé. *b*, boyau pollinique ayant pénétré par le micropyle; *e*, vésicule embryonnaire; *se*, sac embryonnaire; *n*, nucelle; *s*, secondine; *h*, primine.

119 *. Ovule des Gymnospermes. — L'ovule des Gymnospermes (Conifères et Cycadées) a une structure un peu différente. Il est *nu*, c'est-à-dire qu'il n'est pas enfermé dans un ovaire; il est simplement fixé à la surface d'une écaille qui a été comparée à une feuille carpellaire.

Il se compose d'un nucelle et d'une enveloppe ayant la forme d'un flacon à long cou largement ouvert (*fig.* 349).

Dans le nucelle il y a, comme chez les autres plantes, la cavité du sac embryonnaire; mais sur les parois de ce sac il se produit, par une sorte de végétation, un tissu particulier qui a été désigné sous le nom d'*endosperme*. Plus tard, vers le sommet du sac embryonnaire et dans le tissu de l'endosperme se développent de grandes cellules dites *corpuscules* ou *archégones*. Puis ces archégones se divisent en deux parties : la partie supérieure est formée par plusieurs petites cellules laissant entre elles un étroit conduit; on la désigne sous le nom de *col de l'archégone*; et la partie inférieure est constituée par une grosse cellule dite *cellule centrale* (*fig.* 349, *a*).

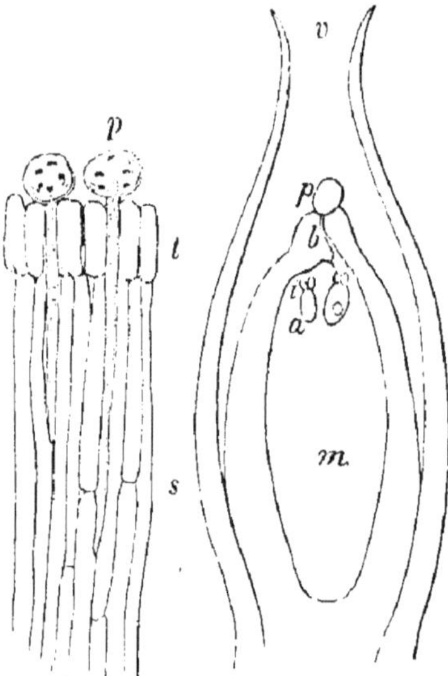

Fig. 348.—Développement des boyaux polliniques dans le tissu du style. *p*, pollen; *t*, stigmate; *s*, style.

Fig. 349.—Ovule fécondé de Gymnosperme. *p*, grain de pollen; *b*, boyau pollinique; *a*, archégone; *i*, col de l'archégone; *m*, endosperme remplissant la cavité du sac embryonnaire; *v*, micropyle.

On peut comparer l'archégone à la vésicule embryonnaire, mais au lieu de naître directement des parois du sac embryonnaire, elle se forme dans le tissu de l'endosperme, qui n'a pas son analogue chez les autres Phanérogames.

120 *. Fécondation chez les Gymnospermes. — Quand le grain de pollen tombe sur l'ovule des Gymnospermes, il pénètre par la large ouverture micropylaire et atteint la surface du nucelle. C'est là que commence à se former le tube pollinique. Celui-ci s'enfonce dans le nucelle, traverse la paroi du sac embryonnaire, se prolonge dans le tissu de l'endosperme et va s'appliquer sur la surface supérieure des archégones (*fig.* 349, *b*). Quand ceux-ci sont serrés les uns contre les autres, un seul tube pollinique suffit pour les féconder tous; mais lorsqu'ils sont écartés, il faut plusieurs tubes polliniques. Quoi qu'il en soit, de la partie inférieure du tube *b* partent un ou plusieurs filaments qui pénètrent dans le col de l'archégone. Par suite de la fécondation, l'oosphère, devenue oospore, donne naissance à un ou à plusieurs embryons, et comme il y a plusieurs archégones dans un nucelle, il en résulte que chaque ovule de Gymnosperme peut contenir plusieurs embryons, mais généralement un seul se développe.

121. Nécessité de la fécondation. — L'action du pollen sur l'ovule et par conséquent sa chute sur le stigmate sont absolument nécessaires pour la production du fruit et de la graine. Une foule d'expériences ont mis ce fait hors de doute. Si on coupe les étamines d'une fleur avant son épanouissement, et qu'on la recouvre d'une gaze pour empêcher les insectes d'y pénétrer et d'y apporter le pollen d'une fleur voisine, il ne s'y développe jamais de fruit; mais si, peu de temps après son épanouissement, on vient déposer sur son stigmate du pollen pris à un pied voisin, la fleur fructifie. Lorsque les pluies sont très-abondantes au moment de la floraison du Blé, il coule et ne donne pas de grains; cela tient à ce que l'eau altère le pollen. Déposé sur une humeur visqueuse, le pollen gonfle lentement et produit des boyaux polliniques; mis en contact avec l'eau, il absorbe une si grande quantité de liquide que la membrane interne ne peut s'étendre assez rapidement, elle crève, et la fovilla se répand au dehors.

122. Fécondation chez les plantes aquatiques. — On peut se demander alors comment doit s'opérer la fécondation chez les plantes aquatiques. Beaucoup d'entre elles, comme les Nymphæa, viennent épanouir leurs fleurs à la surface de l'eau. Pour la Renoncule aquatique, il n'en est pas de même : la fleur reste au fond, il est vrai, mais au moment de son épanouissement, elle sécrète une bulle d'air qui en remplit l'intérieur et préserve le pollen du contact de l'eau.

123. Fécondation chez les fleurs unisexuées. — On a vu qu'il y a des fleurs dites unisexuées renfermant, les unes des étamines, les autres des pistils. La fécondation ne peut s'y opérer que par des intermédiaires, qui sont généralement le vent et les insectes.

Les grains de pollen, très-légers, sont facilement transportés par le vent. Les prétendues pluies de soufre ne sont autre chose que des chutes de pollen provenant de quelque forêt de pins ou de sapins, et entraîné par un courant aérien à une distance quelquefois considérable de son point de départ.

Les insectes sont, pour le pollen, des agents de transport bien plus utiles et bien plus intelligents : ils voltigent de fleur en fleur, pénétrant dans la corolle et furetant partout pour chercher quelque humeur sucrée. Lorsqu'ils vont fouilller dans une fleur mâle dont les anthères viennent de s'ouvrir, le pollen s'attache aux poils dont leur corps est couvert. S'ils se rendent ensuite dans une fleur femelle, quelques grains de pollen s'arrêteront sur la surface visqueuse du stigmate et seront suffisants pour le féconder.

Parmi les exemples de fécondation opérée par les insectes, on peut citer celle du Pistachier du Jardin des Plantes.

Le Pistachier est une plante dioïque. Depuis longtemps on cultivait, au Jardin des Plantes de Paris, deux Pistachiers femelles qui, chaque année produisaient des fleurs, mais point de fruits. Quel fut l'étonnement de Bernard de Jussieu, lorsqu'il vit un jour sur ses deux Pistachiers des fruits succéder aux fleurs ; il conclut immédiatement qu'il y avait dans le voisinage quelque Pistachier mâle ; il fit des recherches à ce sujet et apprit qu'un pied de Pistachier mâle avait fleuri cette année, pour la première fois, dans la pépinière des Chartreux, près du Luxembourg. On supposa d'abord que c'était le vent qui avait soulevé quelques grains de pollen jusqu'au Jardin des Plantes, et les avait portés juste sur les stigmates des deux Pistachiers femelles. C'était assez difficile à admettre, et maintenant qu'on connait mieux le rôle auxiliaire des insectes dans la fécondation des plantes, il semble plus probable qu'un de ces animaux, après avoir visité le Pistachier des Chartreux, se rendit sur les Pistachiers du Jardin des

Plantes, qui étaient en fleur à la même époque, et leur porta le principe vivificateur qui leur avait jusque-là fait défaut.

124. Fécondation des fleurs hermaphrodites par l'intermédiaire des insectes. — Ce n'est pas seulement pour les fleurs unisexuées que les insectes sont des agents précieux, souvent même indispensables, de la fécondation. Il est bien des fleurs hermaphrodites, où par suite de leur disposition, le pollen ne peut tomber sur le stigmate, et d'autres, où la maturation des ovules n'a pas lieu en même temps que celle des étamines. Dans ces deux cas, la fécondation serait impossible si les insectes n'apportaient le pollen provenant d'un autre pied.

Quelques naturalistes ont érigé cette nécessité des insectes en règle générale, ils ont admis qu'une fleur ne pouvait pas être fécondée par son propre pollen et devait sa fructification à l'apport d'un pollen voisin. Sans adopter une opinion aussi exagérée, il est bon de citer quelques faits à l'appui de l'utilité des insectes dans la fécondation des fleurs hermaphrodites, d'autant plus qu'on y voit un exemple des rapports harmoniques établis entre tous les êtres de la nature. Voici ce que Darwin rapporte au sujet de la fécondation du Trèfle.

« J'ai aussi découvert que les visites des abeilles sont né-
» cessaires pour fertiliser quelques espèces de trèfles : par
» exemple, 20 têtes de trèfle hollandais (*Trifolium repens*),
» donnèrent 2,250 graines, tandis que 20 autres têtes, proté-
» gées contre les abeilles, n'en donnèrent pas une ; de même
» 100 têtes de trèfle rouge (*Trifolium pratense*), produisi-
» rent 2,700 graines, mais le même nombre de têtes pro-
» tégées n'en produisit aucune. Les bourdons visitent seuls
» le trèfle rouge ; les autres mellifères n'en peuvent atteindre
» le nectar. On a émis l'idée que les papillons pouvaient aider
» à la fécondation des trèfles, mais je doute que ce soit pos-
» sible à l'égard du trèfle rouge, leur poids ne paraissant
» pas suffisant pour déprimer les ailes de la corolle ; de là
» on peut inférer comme probable que, si le genre entier des
» bourdons s'éteignait en Angleterre, le trèfle rouge y de-
» viendrait très-rare ou disparaîtrait totalement.

» Le nombre des bourdons, en quelque district que ce

» soit, dépend beaucoup du nombre des musaraignes qui » détruisent leurs rayons et leurs nids, et M. Newmann, qui » a observé pendant longtemps les habitudes des bourdons, » croit que plus des deux tiers d'entre eux sont détruits » de cette manière en Angleterre. Maintenant le nombre » des musaraignes dépend, comme chacun sait, du nombre » des chats, et M. Newmann dit que, près des villages et » des petites villes, il a trouvé des nids de bourdons en plus » grand nombre que partout, ce qu'il attribue au grand » nombre de chats qui détruisent les musaraignes. Il est » donc probable que la présence d'un animal félin, en assez » grand nombre dans un district, peut décider, au moyen de » l'intervention des souris d'abord et ensuite des abeilles, de » la multiplication de certaines fleurs dans ce même district. »

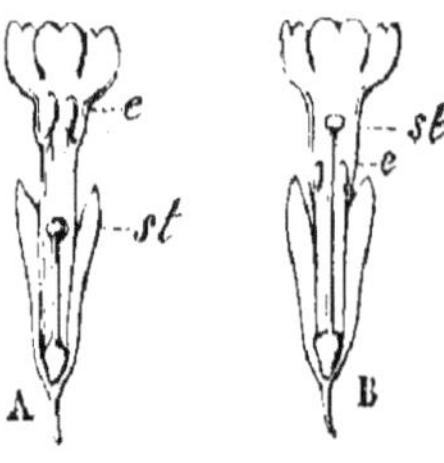

Fig. 350. — Primevère. A, fleur à court pistil; B, fleur à long pistil; *e*, étamines; *st*, stigmates.

Le même savant a démontré la nécessité de l'intervention des insectes pour la fécondation des plantes hermaphrodites *dimorphes*. On appele ainsi celles qui possèdent deux sortes de fleurs, différant entre elles par la longueur des étamines et des pistils. Telle est la Primevère qui égaie de ses fleurs jaunes les premiers jours du printemps. Les unes ont un style qui dépasse les étamines; d'autres au contraire l'ont plus court (*fig.* 350). L'expérience a prouvé que les fleurs à long pistil ne peuvent être fécondées que par le pollen des fleurs à court pistil et réciproquement.

125. Fécondation artificielle. — L'homme intervient aussi pour féconder les plantes lorsqu'il y trouve quelque intérêt pratique ou scientifique. Les dattes, qui font la principale nourriture des Arabes, proviennent de plantes unisexuées. La fécondation des fleurs femelles se fait naturellement par l'intermédiaire du vent et des insectes, mais pour ne pas laisser ainsi presque au hasard le soin de faire fructifier leurs Dattiers, les Arabes vont secouer au-dessus des fleurs femelles les rameaux des fleurs mâles au moment de la déhiscence des anthères. Quand la guerre ou quelque autre cause vient s'opposer à cette pratique agricole, la récolte des dattes est fortement compromise.

Dans ces dernières années, l'intérêt scientifique, qui s'attache à la création de races nouvelles, a fait multiplier les expériences dans le but d'obtenir des hybrides, en déposant sur le stigmate d'une plante le pollen d'une espèce voisine; c'est ainsi que l'on a fécondé l'*Ægilops ovata* avec le pollen du *Triticum sativum*, et on a obtenu l'*Ægilops triticoïdes*. On a réussi dans une foule d'autres cas analogues à obtenir des hybrides.

126. Mouvements accompagnant la fécondation. — Au moment de la fécondation, il y a souvent production de chaleur et de mouvement dans les diverses parties de la fleur. Il a déjà été question de la chaleur propre que dégage en cette circonstance le Gouet (§ 74).

Parmi les mouvements, citons ceux de la Rue et de la Vallisnerie.

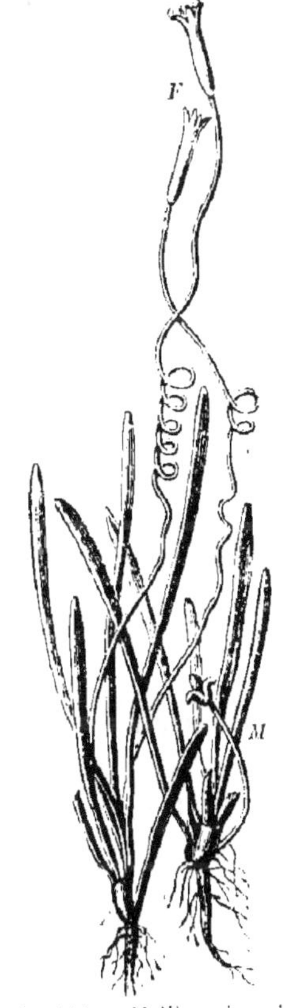

Fig. 351. — Fleur de rue montrant les étamines qui se redressent pour la fécondation.

Fig. 352. — Vallisneria spiralis. M, fleur mâle; F, fleur femelle.

La Rue (*fig.* 351) présente une corolle étalée, dont chaque pétale se termine par une sorte de capuchon. Les étamines sont couchées sur les pétales et les anthères à l'abri dans le capuchon. Au moment de la fécondation, les étamines se redressent et viennent appuyer l'anthère contre le stigmate, mais elles ne pourraient pas se relever tout d'une pièce sans être arrêtées par la voûte du capuchon. La base du filet se courbe, l'étamine se raccourcit, l'anthère se dégage du pétale, et le redressement n'a lieu qu'ensuite.

La Vallisneria (*fig.* 352), qui pousse dans le canal du Languedoc, est une plante dioïque. Les fleurs mâles sont en très-grand nombre fixées sur des épis courts au fond de l'eau. Les fleurs femelles sont attachées à l'extrémité d'une longue tige roulée en spirale. La fécondation serait impossible au fond de l'eau pour la raison précédemment mentionnée. Au moment de l'épanouissement, la longue tige femelle se déroule et permet à la fleur de venir s'épanouir à l'air. Quant aux fleurs mâles, elles se détachent de l'épi, sont amenées par leur légèreté à la surface de l'eau pour y ouvrir leur corolle, puis entraînées par le courant, elles nagent au milieu des fleurs femelles. Le vent et les insectes se chargent ensuite de transporter le pollen des unes sur le stigmate des autres.

CHAPITRE III

FRUIT ET GRAINE. GERMINATION.

127. Fruit. — La fécondation opérée, les diverses parties de la fleur qui n'ont plus aucune utilité, se flétrissent et tombent ; le style et le stigmate, les étamines et les pétales, souvent même les sépales, disparaissent. Ce n'est que dans un petit nombre de plantes que le calice persiste pour protéger le produit de la fécondation. Ce produit, but de la floraison, est le *fruit*. Il se compose du *péricarpe* et des *graines* qui y sont renfermées.

128. Péricarpe. — Il provient du développement des parois de l'ovaire, celui-ci, qui est le résultat de la métamorphose des feuilles carpellaires, se compose, comme les feuilles, d'une couche épidermique supérieure ou interne, d'une autre couche épidermique inférieure ou externe, et d'une zone moyenne, qui est le parenchyme cellulaire. On trouvera donc ces trois couches dans le péricarpe : l'*épicarpe*, correspondant à l'épiderme extérieur, l'*endocarpe*, provenant de l'épiderme intérieur, et le *mésocarpe*, dû au développement du parenchyme.

Dans beaucoup de fruits, ces diverses parties restent ce qu'elles étaient dans l'ovaire et se dessèchent à la maturité. Dans d'autres, le péricarpe se gonfle et devient succulent; il prend alors le nom de *sarcocarpe*. Il y a donc deux catégories de fruits : les *fruits secs* et les *fruits charnus* dont les types sont le Pois et la Cerise.

129. Fruits charnus. — Dans la Cerise (*fig*. 357), l'épicarpe, toujours membraneux, est l'espèce de peau rouge qui recouvre le fruit, le mésocarpe est la partie charnue que l'on mange ; quant à l'endocarpe, il a subi aussi une transformation ; il est devenu dur et ligneux ; c'est le noyau.

Dans la Pomme (*fig*. 358), l'épicarpe (*i*) est la pelure, le mésocarpe ou sarcocarpe (*s*) est la partie charnue[1], et l'endocarpe (*o*) constitue la substance cornée qui tapisse les loges dans lesquelles sont les pepins. Au sommet du fruit, les rudiments du calice ont persisté en se desséchant : c'est ce qu'on appelle l'œil. L'endocarpe de la Nèfle acquiert la dureté du bois et devient un véritable noyau.

La partie charnue du fruit ou la pulpe, n'est pas toujours due au mésocarpe, ainsi, dans l'Orange, le péricarpe est la partie jaune odorante extérieure, le mésocarpe est la substance blanche, coriace, faisant partie de l'enveloppe, l'endocarpe est la membrane blanche qui entoure les quartiers. Quant à la pulpe qui est renfermée dans cette membrane, c'est un tissu nouveau formé dans l'intérieur de l'endocarpe pendant le développement du fruit.

Il est des fruits dont la partie comestible ne provient pas de l'ovaire. Ce que l'on recherche dans la Fraise, c'est le ré-

1. Le sarcocarpe de la pomme est traversé par une zone plus transparente (*c*) qui représente le faisceau fibro-vasculaire de la feuille carpellaire.

ceptacle des fleurs qui s'est hypertrophié et rempli de sucs pendant la fructification ; quant aux véritables fruits, ils sont représentés par les petites graines dures et indigestes qu'on voit à la surface de la Fraise. Il en est de même de la Figue, les véritables fruits sont les grains durs de l'intérieur ; toute la partie charnue provient du réceptacle des fleurs.

130. Maturation des fruits. — Les fruits charnus passent par une série de modifications que l'on peut diviser en trois périodes :

1° *Période de développement* : Les fruits ont une couleur verte et respirent comme les feuilles, en décomposant l'acide carbonique à la lumière. Ils renferment du tannin auquel ils doivent leur astringence, des acides, du sucre, de la pectose ou principe de la gelée de fruits, etc.

2° *Période de maturation* : Les fruits ont une couleur variable, ils expirent comme le font les parties du végétal non colorées en vert. Il se passe dans leur intérieur une combustion lente qui en modifie les principes constituants. Les acides diminuent, le tannin disparaît et avec lui l'astringence.

3° *Période de décomposition* : L'air pénètre dans le fruit; les sucres qu'il contient fermentent; il se produit des éthers qui lui donnent son arôme ; c'est le moment où il est le meilleur. Bientôt la fermentation augmente, le sucre disparaît, les tissus s'altèrent, le fruit blétit ; puis la décomposition progressant, il pourrit. Le parenchyme se détruit, l'eau qui le gorge s'évapore avec tous les principes volatils, ou s'écoule en entraînant les matières solubles et les débris de cellules ; bientôt les graines sont mises à découvert et dépouillées de l'enveloppe au sein de laquelle elles avaient mûri.

131. Fruits secs. — Lorsque les fruits secs ne contiennent qu'une seule graine, ils s'ouvrent seulement au moment où celle-ci germe, on les dit *indéhiscents*. Quant aux fruits renfermant plusieurs graines, il est important qu'ils s'ouvrent, car toutes leurs graines tombant au même point ne pourraient y germer, ou leurs pousses s'étoufferaient mutuellement ; ils sont donc *déhiscents*. Cette déhiscence se fait généralement par des fentes longitudinales. Quelquefois elle se fait par des pores situés au sommet des fruits (Pavot, *fig.* 353). Chez le Mouron (*fig.* 365), le fruit, qui est arrondi, s'ouvre par une fente transversale comme une boîte à savonnette.

132. — La déhiscence du fruit a lieu quelquefois brusquement et avec des mouvements élastiques qui lancent au loin les graines. Il n'est personne qui, se promenant dans les landes pendant les grandes chaleurs de l'été, n'ait entendu des sortes de crépitations continuelles dues aux fruits de l'Ajonc ou à ceux du Genêt. Ces fruits sont formés de deux valves qui se séparent brusquement en s'enroulant sur elles-mêmes, et projettent les grains dans le voisinage. La Balsamine de nos jardins donne lieu à des faits analogues; il en est de même d'une plante voisine dont le fruit sec s'ouvre dès qu'on y touche, de là le nom que porte l'espèce, *Impatiens noli tangere* (Impatiente n'y touchez pas!) Dans un fruit de l'Amérique, le bruit produit par le déchirement subit des valves est aussi fort que celui d'un coup de pistolet. L'*Ecbalium agreste* ou Concombre d'âne, qui pousse spontanément dans les lieux arides et sur les bords des fossés du midi de la France, a des fruits semblables pour la forme au Concombre. Lorsqu'il est mûr, ce fruit s'ouvre près de la queue, en lançant au loin le mélange de graines et d'humeur liquide qui le remplissait.

Fig. 353. — Fruit sec du pavot.

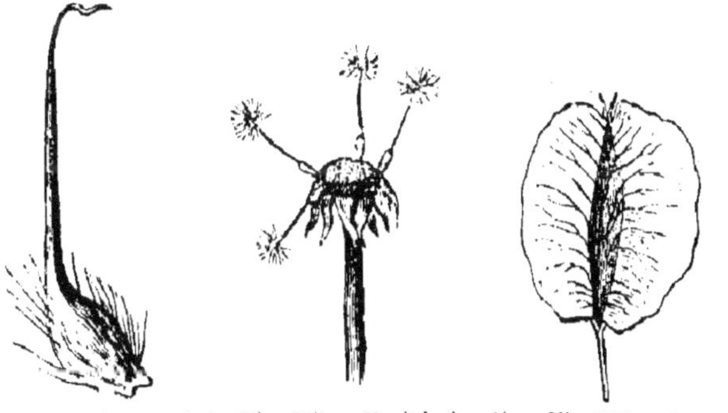

Fig. 354. — Fruit à crochet de la benoite. Fig. 355. — Fruit à aigrette du pissenlit. Fig. 356. — Samare de l'orme.

133. — Quant aux fruits indéhiscents, bien qu'ils ne

renferment qu'une seule graine, il importe aussi, pour la propagation du végétal, qu'ils soient disséminés sur une grande surface. Les moyens de dissémination sont nombreux. Chez la Benoîte (*fig.* 354), les styles persistent et deviennent secs; leur extrémité, légèrement courbée, forme un crochet qui s'attache aux poils des animaux, surtout à la laine des moutons. La graine du Pissenlit (*fig.* 355) est terminée par une aigrette et s'envole sous le souffle du vent. Celle de l'Orme (*fig.* 356) est entourée d'une membrane aliforme qui permet à l'air de la transporter facilement. Dans le Sycomore, il n'y a d'aile que d'un seul côté de la graine. Ces graines aliformes portent le nom de *samare.*

134. Diverses sortes de fruits. — On remarque dans la forme et la structure des fruits des variations très-nombreuses auxquelles les botanistes se sont appliqués à don-

1° FRUITS CHARNUS.

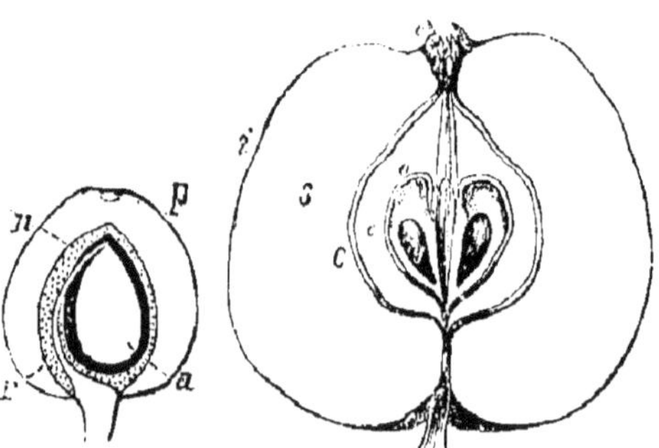

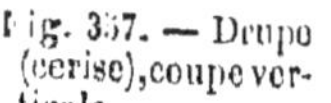

Fig. 357. — Drupe (cerise), coupe verticale.

Fig. 358. — Fruit à pepins (pomme), coupe verticale.

Fig. 359. — Baie (groseillier), coupe transversale.

ner des noms. Nous ne citerons que les plus importants, ceux que l'on rencontre dans un grand nombre de plantes.

Il y a trois sortes principales de fruits charnus.

La *drupe*, qui renferme un noyau unique : Cerise (*fig.* 357), Prunes, Abricot.

Le *fruit à pepins*, dont le sarcocarpe est charnu sans être pulpeux, et dont l'endocarpe est coriace ou ligneux; il contient plusieurs graines. Ex. : Pomme (*fig.* 358), Nèfle.

La *baie*, qui contient plusieurs petites graines enveloppées d'une matière pulpeuse : Raisin, Groseille (*fig.* 359).

Parmi les fruits secs on peut mentionner :

La *gousse*, fruit sec déhiscent se séparant en deux valves

2° FRUITS SECS DÉHISCENTS.

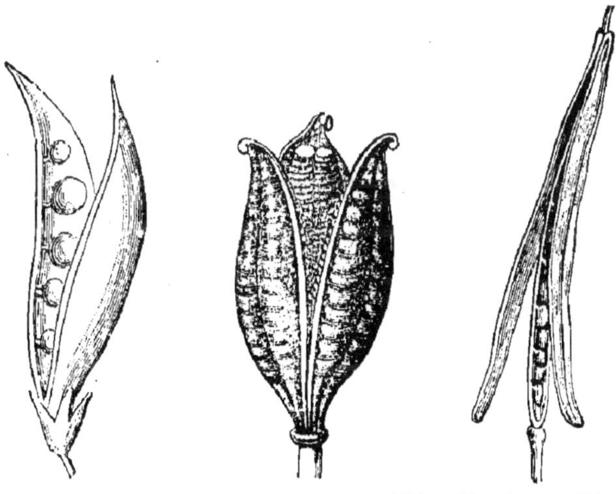

Fig. 360. — Gousse (pois).

Fig. 361. — Capsule à déhiscence valvaire (tulipe).

Fig. 362. — Silique (giroflée).

par deux fentes latérales; il n'y a également qu'une seule rangée de graines. Ex. : Pois, Haricot (*fig.* 360).

La *capsule*, fruit sec déhiscent divisé en plusieurs loges et

Fig. 363. — Follicule (nigelle).

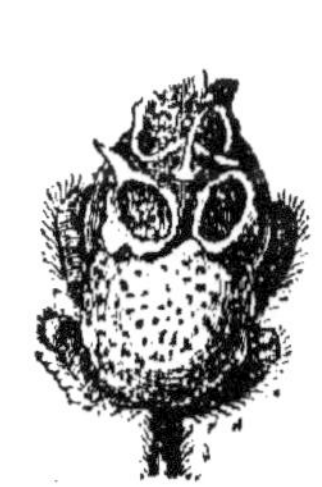

Fig. 364. — Capsule à déhiscence poricide (muflier).

Fig. 365.—Pyxide ou capsule à déhiscence transversale (mouron).

s'ouvrant de diverses manières. Généralement la capsule s'ouvre par des fentes longitudinales. Ex. : Lis, Tulipe (*fig.* 361).

La *silique*, fruit sec déhiscent se séparant en deux valves et présentant deux rangées de graines; une fausse cloison s'étend d'une rangée à l'autre et divise la cavité du fruit en deux loges : Chou, Moutarde, Giroflée (*fig.* 362).

Le *follicule*, fruit sec déhiscent s'ouvrant en une seule valve

3° FRUITS SECS INDÉHISCENTS.

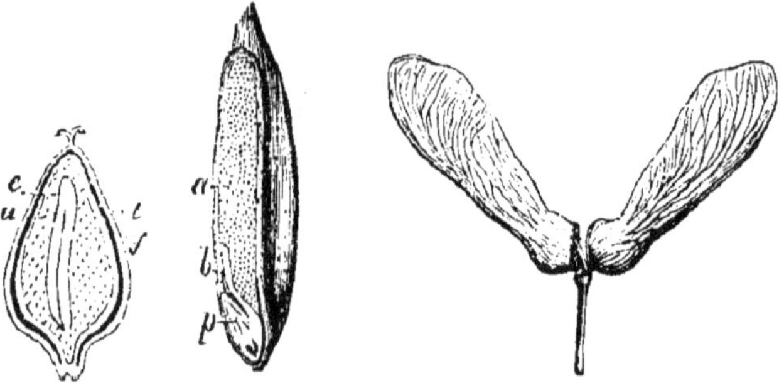

Fig. 366. Akène (sarrasin), coupe verticale. Fig. 367. — Caryopse (blé), coupe verticale. Fig. 368. Samare (érable).

par une seule fente latérale et ne portant de graines que sur un côté : Nigelle (*fig.* 363), Pivoine.

Dans la capsule dite *poricide* du Pavot, du Muflier (*fig.* 364),

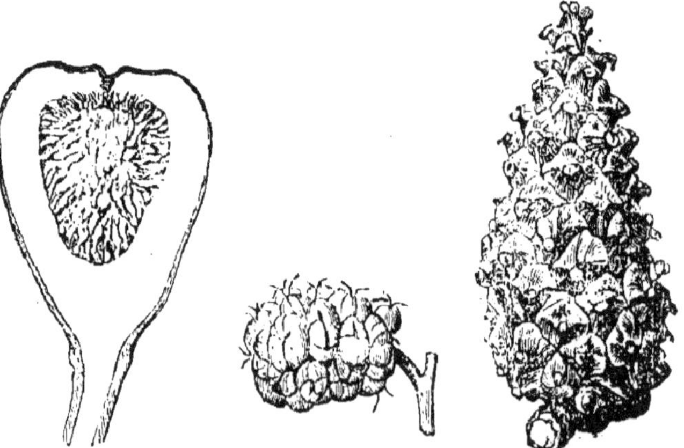

Fig. 369. — Fruit composé du figuier. Fig. 370. — Fruit composé du mûrier. Fig. 371. — Fruit composé du pin.

il se produit des pores dans le voisinage des stigmates.

Les capsules du Mouron (*fig.* 365) et du Plantain, qui s'ouvrent par des fentes transversales, ont reçu le nom de *pyxide*.

L'*akène*, fruit sec indéhiscent ne contenant qu'une seule graine : Sarrasin ou blé noir (*fig.* 366), Fraisier, Chêne.

La Noisette n'est qu'une variété d'akène dans lequel le péricarpe est ligneux.

Le *caryopse*, fruit sec indéhiscent chez qui le péricarpe est soudé aux téguments propres de la graine. Ex. : Blé (*fig.* 367), Avoine.

La *samare*, fruit sec indéhiscent semblable à l'akène, mais muni d'une aile membraneuse. Ex. : Frêne, Orme, Érable (*fig.* 368).

Outre les fruits simples, il y a des fruits composés agrégés, qui sont produits par plusieurs ovaires. Tels sont la Fraise et la Figue (*fig.* 369), dont les nombreux fruits secs ou akènes sont portés par un réceptacle charnu ; la Mûre (*fig.* 370) et la Framboise, formées par la réunion de petites drupes ; le *cône* du Pin (*fig.* 371) formé par un ensemble de bractées qui portent les graines à leur aisselle.

135. Graine ; sa structure. — La graine présente plusieurs parties distinctes que l'on étudiera dans les exemples suivants :

1° La graine du haricot (*fig.* 372) possède une enveloppe légèrement cornée, nommée *épisperme* (*e*), que l'on peut enlever facilement après l'avoir fait macérer dans l'eau. A sa surface extérieure, on observe sur le côté le hile (*h*), cicatrice ovale indiquant le point par où la graine était fixée au placenta ; près de là est une partie légèrement saillante à l'extrémité de laquelle il y a un petit trou (*m*) à peine visible à la loupe, c'est la trace du micropyle de l'ovule. L'épisperme se subdivise en deux parties, l'extérieure dure, lisse, légèrement cornée (*testa*), l'inférieure membraneuse, papyracée (*tegmen*).

Fig. 372. Haricot.

Sous l'épisperme il y a deux masses de tissu cellulaire rempli d'amidon, ce sont les *cotylédons*. Sur le côté, on distingue une sorte de petit bec charnu qui adhère aux cotylédons et fait saillie au dehors (*r*); c'est la *tigelle*. Son extrémité libre, correspondant au micropyle, est la *radicule* qui doit donner naissance à la racine. La tigelle fait suite à la radicule et se prolonge entre les cotylédons et par une sorte de petit bourgeon ou *gemmule*, dans lequel on distingue à la loupe des rudiments de feuilles.

136. — 2° Dans l'Amande, les enveloppes sont très-minces et adhérentes ensemble; les deux cotylédons (*fig.* 373, *c*) sont ovoïdes; au petit bout de l'amande on voit une pointe formée par la tigelle et terminée par la radicule (*r*). Au-dessus de la tigelle, entre les deux cotylédons, est la gemmule (*g*). A l'extérieur de l'amande, on distingue un filament, le raphé, qui adhère d'un côté au placenta du fruit, et de l'autre côté au gros bout de la graine. Il renferme le faisceau fibro-vasculaire qui servait à nourrir celle-ci.

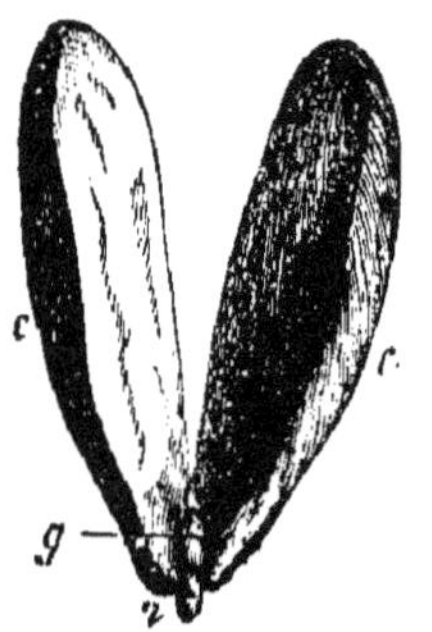

Fig. 373. — Amande dépourvue d'épisperme.

137. — 3° La graine de Sarrasin est enfermée dans un akène. On y voit au centre un embryon avec une radicule et deux cotylédons très-minces. Entre les cotylédons et l'épisperme, il y a une masse de tissu cellulaire remplie de granules d'amidon et destinée à la nourriture de la jeune plante (*fig.* 374). On la nomme *albumen*[1].

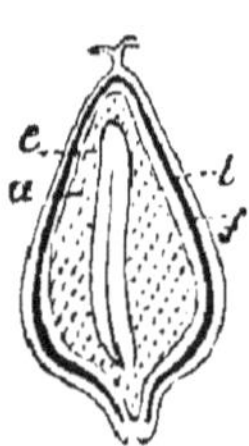

Fig. 374. — Fruit et graine de sarrasin. *f*, péricarpe; *t*, épisperme; *a*, albumen; *e*, embryon.

138. — 4° La *noix de coco* (*fig.* 375) est un fruit sec indéhiscent à mésocarpe fibreux (*f*), à endocarpe ligneux (*i*), et ne renferme qu'une seule graine ou amande (*a*), qui ne paraît pas avoir de tégument propre, parce que celui-ci est soudé à l'endocarpe. Cette amande, blanche, ferme, oléagineuse, est creusée à l'intérieur d'une cavité (*b*) remplie d'une liqueur blanche agréable à boire. C'est le lait de coco. On n'aperçoit d'abord aucun autre organe, mais dans la partie périphérique de l'amande, il

1. On lui a aussi donné les noms d'*endosperme* et de *périsperme*.

y a une petite cavité dans laquelle est caché l'embryon (*e*). Celui-ci est petit et a une apparence très-simple ; on dirait un petit cylindre s'atténuant à une extrémité. Cette extrémité amincie représente la radicule, tout le reste est le corps cotylédonaire soudé à la tigelle ; mais sur le côté, il y a une petite fente qui renferme la gemmule. Cette structure n'a rien d'anormal. Dans les exemples précédents les cotylédons représentent des feuilles opposées ; dans le Coco, la feuille cotylédonaire est engaînante comme les feuilles du végétal adulte.

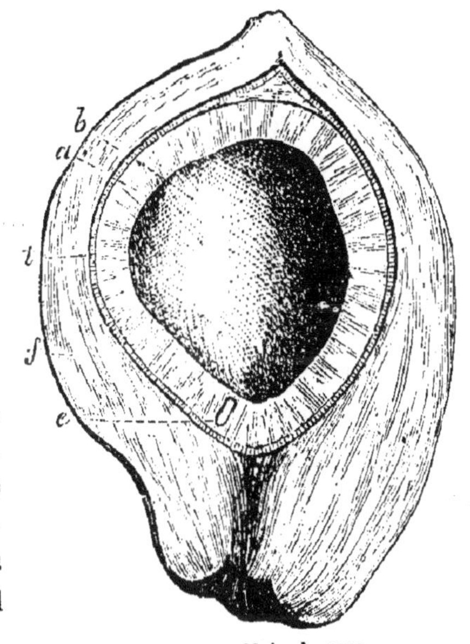

Fig. 375. — Noix de coco.

139. — 5° Le *grain de blé* (*fig.* 376) est un fruit tout entier, un caryopse, c'est-à-dire que le péricarpe est appliqué intimement sur les téguments de la graine et peut difficilement s'en séparer. Sous cette enveloppe, il y a une masse de tissu cellulaire rempli d'amidon, qui est l'albumen, et sur le côté latéral inférieur un embryon, où on distingue nettement une radicule, un cotylédon et une gemmule assez considérable située sur le côté du cotylédon.

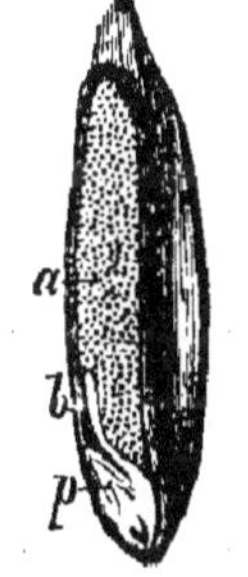

Fig. 376. — Graine du blé. *a*, albumen ; *b*, cotylédon ; *p*, gemmule.

140. Structure générale des graines. — Dans les exemples qui viennent d'être cités, on voit la graine composée de trois parties, dont deux seulement sont essentielles.

1° L'*épisperme* formé lui-même du testa et du tegmen.

2° L'*embryon*, comprenant la radicule, la tigelle, la gemmule et le corps cotylédonaire. Dans le Haricot, l'Amande, le Sarrasin, il y a deux cotylédons; chez le Blé et le Coco, il n'y en a qu'un seul; dans le Pin (*fig.* 377) il y en a un grand nombre.

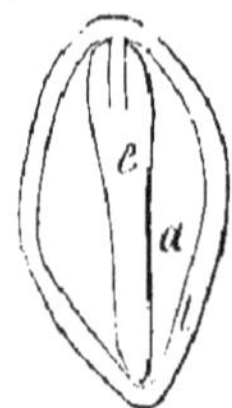

Fig. 377. Graine du pin. *t*, épisperme; *a*, albumen; *e*, embryon.

3° L'*albumen*, qui n'existe que dans un certain nombre de plantes : il manque dans l'Amande et le Haricot, tandis qu'on le trouve dans le Sarrasin, le Blé, le Coco et le Pin.

141. — Origine des diverses parties de la graine. — L'origine de ces diverses parties est intéressante à rechercher

L'épisperme provient en général des enveloppes de l'ovule, il peut cependant être produit par la couche externe du nucelle.

L'embryon se forme de toutes pièces dans la vésicule embryonnaire, qui s'est plus ou moins développée aux dépens des parties environnantes.

Si le tissu du nucelle s'est détruit par l'agrandissement du sac embryonnaire et que l'embryon remplit le sac embryonnaire lui-même, il n'y a pas d'albumen; mais si l'embryon a pris moins de développement, l'intérieur du sac embryonnaire se remplit de substances nutritives qui constituent l'albumen. Chez certaines plantes, les Nymphéacées (*fig.* 378), par exemple, le nucelle ne se résorbant pas entièrement, se charge lui-même de matières propres à l'alimentation de la graine; il y a alors deux albumens superposés.

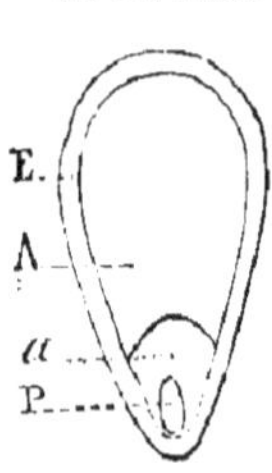

F. 378. — Graine de nymphéacée. E, épisperme; A, albumen nucellaire; *a*, albumen provenant du sac embryonnaire; P, embryon.

142. Réserve de matière nutritive contenue dans la graine. — L'albumen et les cotylédons sont essentiellement destinés à servir de réservoir aux matières nutritives nécessaires au développement de l'embryon. Ils sont formés de cellules dans l'intérieur desquelles on trouve soit de l'amidon (Blé, Haricot, Sarrasin, etc.), soit des huiles (Coco, Lin, Œillette, etc.). Les parois des cellules huileuses sont généralement minces, mais dans quelques cas, elles peuvent acquérir une dureté plus considérable et constituer une sorte de tissu corné (Café), ou même une substance comparable à l'ivoire et employé comme tel (Ivoire végétal, graine du *Phytelephas macroptera*). L'amidon et l'huile, substances hydrocarbonées, sont souvent accompagnées dans les graines de matières azotées (gluten, légumine et aleurone).

143. Arille, Caroncule, Poils. — Certaines graines présentent, en outre, des parties accessoires.

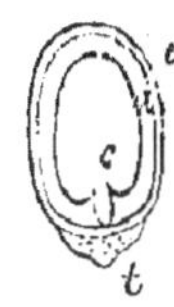

Fig. 379. — Graine d'euphorbiacée. *e*, épisperme; *a*, albumen; *c*, embryon; *t*, caroncule.

L'*arille* est une sorte d'enveloppe charnue, souvent de couleur assez vive, qui entoure plus ou moins complètement la graine; celui du Muscadier constitue le macis (*fig.* 380).

La *caroncule* est une excroissance qui, dans la graine des Euphorbiacées recouvre le micropyle (*fig.* 379).

Enfin, l'épisperme est quelquefois couvert de prolongements filamenteux. C'est à des filaments de ce genre que nous devons l'une de nos matières textiles les plus

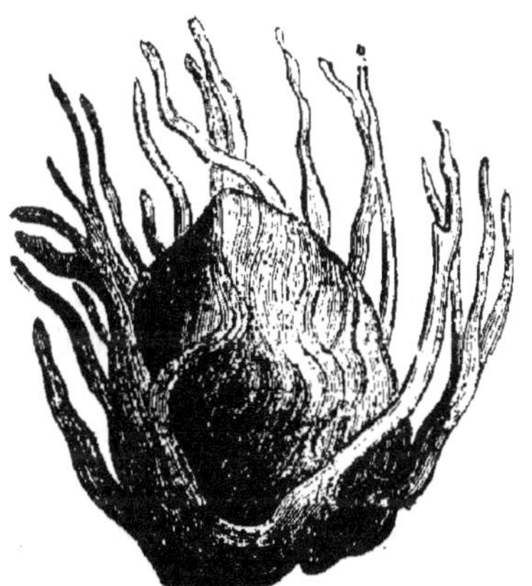

Fig. 380. — Arille de muscadier.

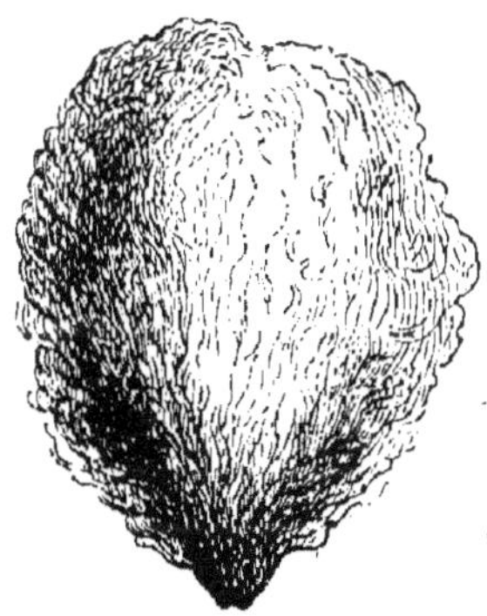
Fig. 381. — Arille de cotonnier.

précieuses, le *coton* (*fig.* 381). On les rencontre aussi dans les graines du Peuplier, de l'Épilobe, etc. Toutes ces productions sont dues à des excroissances de certaines parties de la graine.

144. Germination. — Mise en terre, la graine se ramollit et gonfle, l'épisperme se fend, la radicule s'allonge et s'enfonce en terre, la gemmule sort des cotylédons et s'élève. L'albumen, et quand il n'existe pas, les cotylédons fournissent à l'alimentation du jeune végétal, jusqu'à ce que sa racine soit capable de puiser dans le sol les substances nécessaires à la vie de la plante. Pendant cette première période, où le végétal n'a pas encore de feuilles, il dégage de l'acide carbonique et absorbe de l'oxygène. Sa respiration est tout à fait analogue à celle des animaux. On a même comparé à la digestion animale les phénomènes qui ont pour effet de rendre l'amidon soluble. Au point où la tigelle se détache des cotylédons, il se développe une substance spéciale, la diastase, douée de la propriété de transformer l'amidon en dextrine, puis en sucre. On utilise cette circonstance dans l'industrie pour la fabrication de la bière, de l'eau-de-vie de grain, de la dextrine, etc.

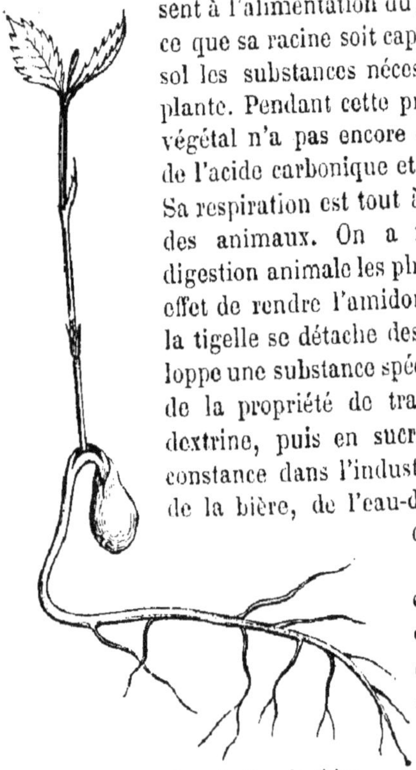

Fig. 382. — Germination du chêne.

Les cotylédons qui ont servi à la nutrition du jeune végétal se creusent, se fanent et se détruisent. Parfois la portion inférieure de la tigelle, en s'allongeant, entraîne les cotylédons hors de terre (*fig.* 182). Alors ils verdissent et deviennent les premières feuilles de la jeune plante, ce que l'on appelle des *feuilles cotylédonaires*. Malgré qu'il soit pourvu de feuilles, le jeune végétal continue pendant un certain temps à absorber de l'oxygène et à produire de l'acide carbonique.

145. — Chez les Monocotylédonées, la radicule et les premières racines adventives qui naissent de la tigelle doivent percer une sorte de germe dont les débris entourent la base des racines comme une collerette, et ont été désignés sous le nom de *coléorhize* (*fig.* 383).

146. Conditions nécessaires à la germination. — La plante, pour germer, a besoin de chaleur, d'humidité et d'air.

1° *Chaleur.* — Il y a pour toutes les graines une température minimum après laquelle elles ne peuvent germer; même lorsque cette fonction peut s'accomplir, le froid la ralentit. La température la plus favorable à la germination est de 10° à 20°; une chaleur trop considérable détruit la faculté germinative, dans certains cas, cependant, elle ne fait que la suspendre, c'est ce qui a lieu lorsque la graine est restée plongée pendant un quart d'heure dans de l'eau à une température de 50° ou a été exposée à 70° dans l'air sec.

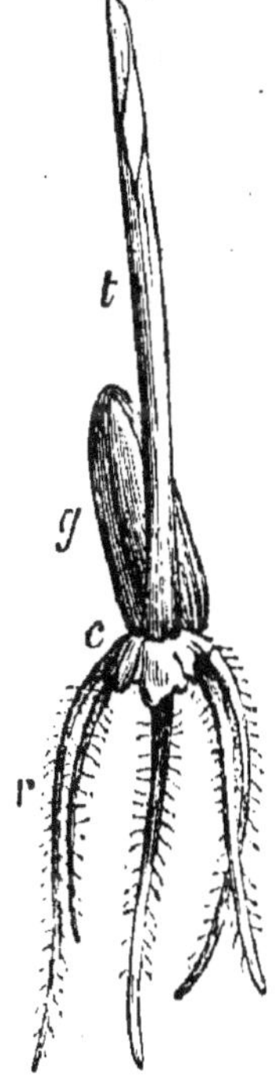

Fig. 383. — Germination d'un grain de blé. *t*, tigelle; *g*, graine; *r*, racines; *c*, coléorhize.

2° *Eau.* — Il faut à la plante un peu d'eau pour germer, mais une trop grande quantité amène la pourriture. La dessiccation arrête la germination sans détruire la faculté germinatrice, et les progrès de la jeune plante recommencent quand on lui rend de l'eau. On peut même, après avoir desséché un grain de blé, le soumettre à une température de 70° sans qu'il s'altère.

3° *Air.* — Les graines ont besoin pour germer de l'oxygène de l'air; car on a vu que pendant la première phase de sa vie, la jeune plante absorbe de l'oxygène et produit de l'acide carbonique. On comprend donc que les graines privées d'air ne puissent pas germer. On a profité de cette circonstance dans les pays chauds et secs pour conserver les grains dans des silos. Souvent il pousse sur le sol d'une forêt nouvellement défrichée des plantes qu'on n'y voyait pas précédemment. Comme leurs graines n'y ont pas été apportées, il faut admettre qu'elles préexistaient dans le sol, mais que cachées par une épaisse couche de débris végétaux, elles étaient privées d'air et ne pouvaient pas germer.

147. Durée de la faculté germinative. — Placées à l'abri de l'air humide qui les ferait germer ou pourrir, les graines conservent leur faculté germinative pendant un temps plus ou moins long. Les graines du Caféier ne germent que si on les sème aussitôt après les avoir détachées de l'arbre, tandis que celles du Haricot et du Blé peuvent être conservées pendant plus de cent ans sans perdre leurs qualités germinatives. Bien plus, des graines de Trèfle, de Bluet, de Mercuriale, de Camomille, trouvées dans des tombeaux gallo-romains ont parfaitement levé.

TABLE DES MATIÈRES

L

M

N

O

P

R

SAINT-CLOUD. — IMPRIMERIE Ve EUG. BELIN ET FILS.

www.ingramcontent.com/pod-product-compliance
Lightning Source LLC
LaVergne TN
LVHW012012220826
846092LV00001B/319

* 9 7 8 2 3 2 9 7 7 0 9 3 2 *